ペットはあなたを選んでやってくる

「うちのコ」を幸せにするたった一つの約束

大河内りこ
（アニマルコミュニケーター　DearMum代表）

BAB JAPAN

はじめに

ペットは「お役目」を果たしに天からやってきた

「ペットと『話した』だけで、そのコの病気がすっかり治っちゃった！」

あなたは、こんな話を聞いて信じますか？

これからお話しすることは、幻想の物語でも、お花畑のファンタジーでもありません。私が実際に体験したこと、そして、私が運営するスクールの生徒さんたちに実際に起きた真実のストーリーです。

ということは？　そう！「あなたの身にも起こりうる！」ということです。あなたがこの一冊をお読みになって、ご自分にも心当たりがあると感じたなら、その瞬間がチャンスです。あなたにも感動的なミラクル体験がやってくることでしょう。

ペットたちは、あなたの人生を最高に豊かに、最高に幸せに導くために、**「天からやって**

きた神さまのおつかい」です。

どうやら彼らは、**飼い主を自ら決め、自分の意思で、その飼い主の元でお役目を果たそうとする**らしいのです。

私は、我がコを病気で失いそうになったのをきっかけに、人生が一変しました。我がコの存在を生きる糧にしていることが、彼女の病気をつくり出し、彼女は病気でいることに大きなメリットを感じていることを知ったのです。

「我がコへの度を過ぎた献身的な看病」こそが、病気の原因でした。

「このコを治せるのは、私しかいない！」

看病こそが、私がこの世に存在すべき理由。いつの間にか、生きる目的が「犬の看病」になっていました。それでは、治るはずの病気も治るわけがありません。だって治ったら、私は生きる目的を失うことになるのですから。

まさか、心の奥深くで、こんな大きな勘違いをしていたなんて。自分でも気づかぬうちに我がコを病気にしてしまっていたなんて。晴天の霹靂《へきれき》。目から鱗《うろこ》。申し訳なさと驚きと恥ずかしさと……。さまざまな感情が、私の心で入り乱れました。

初めて自分で愛犬と対話を試みたときの、たった30分の出来事で、私の心は大転換を促されたのです。

アニマルコミュニケーションにより、大きな気づきを体験した3週間後。我がコの痛々しい見た目はすっかりなくなり、元どおりの愛らしい姿になりました。1匹の犬の病気が、私の人生を導いてくれました。ただただかわいいだけの我がコが、すっかり相棒になりました。

そんな彼女も15年間生きた今世を卒業し、お空へと引っ越していきました。別れは、悲しくさびしい体験ではありましたが、同時に、愛するものを深く想う時間ともなりました。**さびしさと多幸感が、心の中に同居する不思議な体験**でした。最後の最期まで、私に学びをくれました。さらに、心を豊かにしてくれました。

動物語通訳を大きく超え、人の心を揺り動かし、人の意識まで変えてしまうほど、愛を感じるアニマルコミュニケーションに魅了され、早10年が経ちました。

クライアントさんにも私と同じく、ミラクルな結果を出す人が続出しています。私が特別なのではなく、たまたまの偶然の出来事でもないということです。

「えぇ〜、ウソみたい！　こんなことで!?　りこさん、うちのコに魔法使った？」

私を魔法使いのように言う方もいます。魔法で地球上の動物たちを、みんなハッピーにできれば、こんなにうれしいことはないのですが、残念ながら魔法は使えません。

その魔法のような摩訶不思議《まかふしぎ》な現象には、ちゃんと種明かしがあるのです。一つひとつの詳しいヒミツについてはのちほどお伝えしますが、飼い主さんの生活習慣ともいえる思考の癖が変わると、ペットの行動や体調にまで変化が現れます。それほどペットは飼い主さんの影響を受けながら、毎日、暮らしているということです。

さあ、それでは、ペットたちの活躍ぶり、飼い主さんの驚きをお話ししていきましょう。天から神さまのおつかいとしてやってきたペットが、どのようにお役目を果たすのか……。あなたにも心当たりがあれば、ひょっとすると、あなたの人生も変わってしまうかもしれませんよ。

ペットたちを見習って、素直な気持ちでハートを全開にしていてください。彼らが飼い主に捧げてくれる、無償の愛の世界へお連れしましょう。

「うちのコ」を幸せにするたった一つの約束　目次

PART 3

奇跡⁉ ペットの体調不良が止まる飼い主の習慣

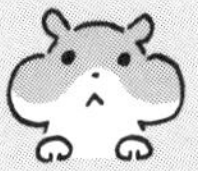

PART 4 飼い主の人生が変わるペットとの生活習慣

PART 5 ペットは「神さまのおつかい」

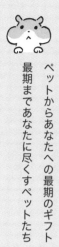

本書でご紹介している事例はすべて事実に基づいていますが、人物の特定を防ぐため、一部編集を加えています。

PART 1

ペットとの出会いは偶然ではない

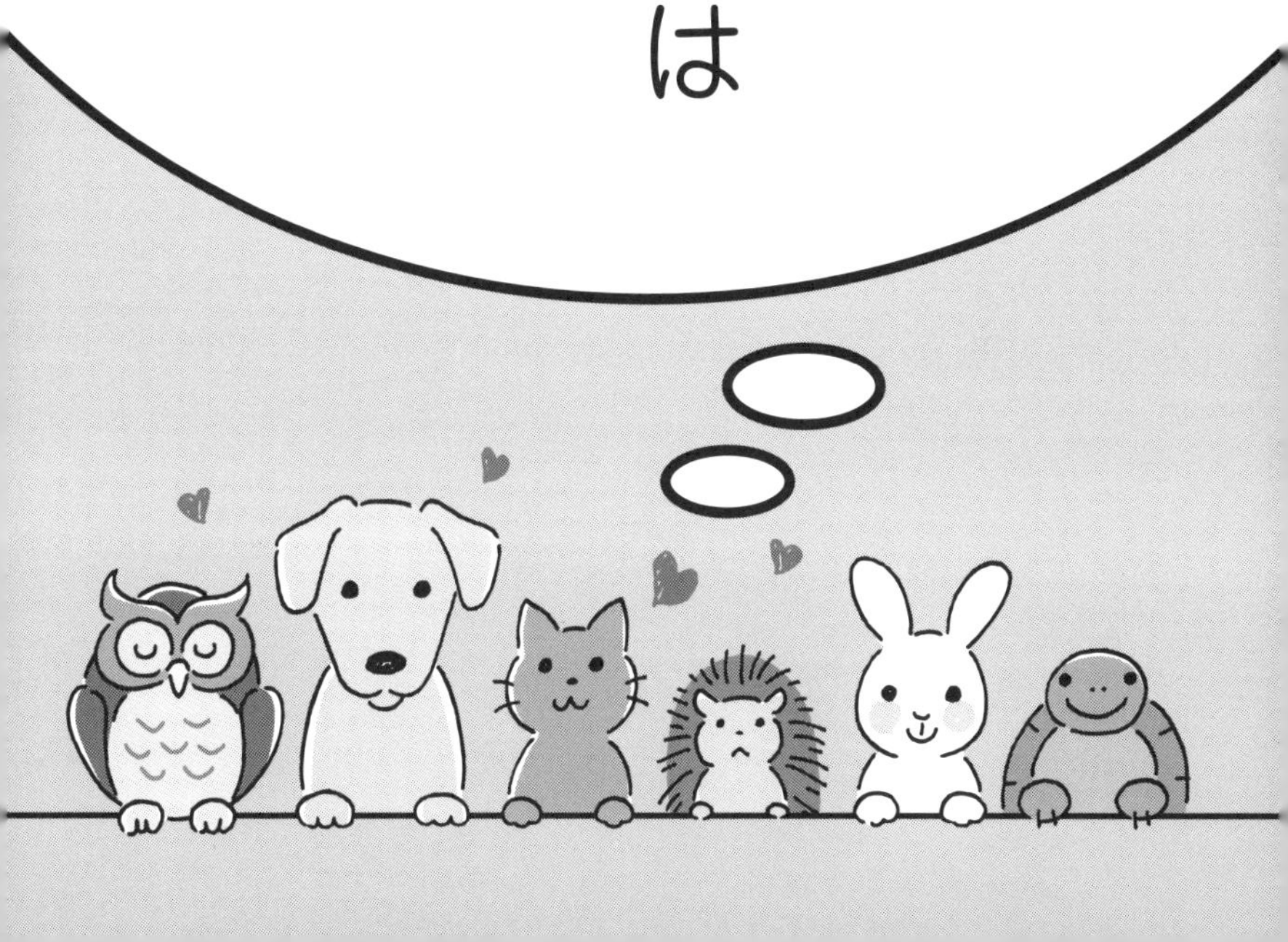

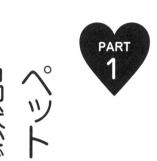

ペットがあなたを決めてやって来る

あなたは今、どんなコと一緒にお暮らしですか？

四つ足シッポで毛皮を着ているコ？

翼をたずさえているコ？

甲羅を背負っているコ？

鱗《うろこ》をまとっているコ？

う～む……。ほかに、どんな姿のコがいるかしら？？

角《つの》が生えていたりするのかな？

もしかしたら、もうお空にお住まいで、面影として、あなたの心の中に住み続けているコかもしれませんね。あなたと暮らすそのコは、どのコもみんな、あなたにとっては、かけがえのない存在。大切なおコさまですね。

人と生活をともにする動物のことを**「愛玩動物」「伴侶動物」「コンパニオン・アニマル」**

などと呼びます。本書では一般的に理解しやすい**「ペット」**という言葉を使っていきますね。

さて、ペットたち、「愛玩」「伴侶」「コンパニオン」なんて呼び名がつくくらいですから、大自然の中で生きる野生動物とは、明らかに違います。野生動物たちは、地球のエネルギーサイクルの中で、動物本来の姿で生きています。

ですから、私は山で鹿に遭遇したり、野兎《のうさぎ》に出会ったりしても、話しかけることはありません。野生として生きている彼らに威厳を感じるからです。人間がおいそれと立ち入ってはいけないような、そんな気がします。

では、ペットはどうなのでしょう？

ペットたちは人間のお役に立つために生まれてきました。最初から人間社会のサイクルの中で生きようとする点で、すでに野生動物とは異なります。人の役に立つ動物といえば、警察犬や盲導犬のような使役動物、牛や豚などの産業動物もいます。けれど、人に貢献してくれる動物の中でも、**人の暮らしに入り込み、人の心に寄り添ってくれるのがペット**でしょう。

本書では、そのペットを中心に取り扱っていきます。

飼い主さんの多くが、**「ペットは癒やし」**といいます。そうですよね。毎日、モフモフに癒やされている方は多いでしょう。「肉球の匂いに萌《も》える」という方もいます。匂いまで愛せちゃいますよね。

人は、ペットに触れることで、オキシトシンという幸せホルモンが脳内に分泌されるので、「ペットは癒やし」という感覚は正しいのだと思います。ワンちゃんとの朝夕の散歩は、私たち飼い主の生活リズムを整えてくれます。ペットのお世話をすることが、毎日の原動力にもなります。「このコがいるから、がんばらなくちゃ！」と活力を得ている飼い主さんも多いでしょう。

こうしてペットたちは、**家族にすっかりなじみ、いて当然の存在**となっていきます。私たち動物好き人間にとって、ペットは家族となんら変わりありません。私は、アニマルコミュニケーションをはじめ、ペットと飼い主さんがよりよく生きるためのスクールを運営していて、毎日、動物好き人間に囲まれています。すると、こんな話題で盛り上がることもあります。

「ずっと一緒にいたいから、在宅でできる仕事を見つけました」

こんな、我がコにメロメロの飼い主さんの一言を皮切りに、我がコの愛おしさ大会が始まります。お部屋が、淡いピンク色の空気でいっぱいになります。

「その気持ち、すっごくわかる！　何もしなくても、いてくれるだけでいいって思う！」

「なんなんだろ？　このかわいさ！」

「私が産んだんじゃないかと思ってしまう……。私、おかしいのかなぁと思って、あまり他人には言わないようにしてるんです」

おかしくないです！　きっと、言わないだけでコッソリそう思っている人、多いと思います。

「このコと、へその緒がつながってる！」ってね。

飼い主さんに、こんなふうに思わせるペットたちの引力は、かなりなものですね。それもそのはず、**彼らが「この人のコになる！」と決めてやって来た**のですから。見えないへその緒は、本当に存在するんだと思います。

ご縁つなぎの役目をしている人たちの中には、日常でそれを裏づけるような体験をしている方もいますね。あるブリーダーさんが、こんなことを教えてくれました。

「あのコたちが、**行き先を自分で決めています。**見てるとわかるんです。そのコの行き先でなければ、飼いたいという方が見学に来ても、そっぽを向いたり、寄りつきもしません」

言われてみれば、私も似た体験があります。知人のつき添いで、パピー（子犬）に会いに行ったのですが、目をつけたそのコだけには、完全に無視されました。寄っても来なければ、目も合わなかったので、すぐにわかりました。これはご縁がないんだなと。へその緒の存在を確信しました。**魂の相性は大切**ですね。

あなたに巡り会えるのなら、表向きの格好は、それほど重要ではないらしいですよ。

それぞれのお宅で、飼育条件がありますからね。

ワンちゃんは飼えなくても、猫ちゃんなら飼える。

ワンニャンは無理でも、小鳥さんやハムスターなどの小さなコだったら飼える。

鳴かないウサギさんなら飼える。

ペットショップで買う気にはなれないけど、保護犬、保護猫の「保護っコ」なら……。

ペットたちは、飼い主さんの飼育条件に見合うような、姿や性質を準備します。そして、**ベストなタイミングで、飼い主さんの前に姿を現します。**

「はい！　ママがお気に入りのお洋服を着て、待ってたよ！」といった具合でしょうか。私たち飼い主は、「私が、このコを迎えることに決めたのよ」と思うものですが、実は、**あちらから見染められる**ようですよ。私もアニマルコミュニケーションで、たくさんのコたちからお話を聞いて、その真実を知りました。

ペットたちが、どのようにあなたとご縁結びをしているのか、そのお話をしましょうね。

あなたにピッタリなコがやって来る

ペットも人と同様、生まれ変わります。魂は、地上とお空を行ったり来たりするのです。何度も何度も繰り返します。地上で存在するには、体という物質が、どうしても必要になります。体に魂を宿して、この世に誕生します。その体の形態が、先ほどのさまざまな姿、地上で存在するためのお洋服ですね。けれど出会いは、本当はもっと以前に決まっています。形としては、見えない魂の共鳴で引き合うからです。魂としての出会いが先に決まっていて、それにピッタリのお洋服を着るというのが、本来の順序です。それがわかりやすい事例が、保護っコと保護主さんとのご縁のつながり方でしょう。

誕生して、すぐにあなたの元へ来たのであれば、それが、そのコとあなたにとってのベストなタイミングだったのです。そのコが誕生して、ほかの飼い主さんの元でしばらく過ごし、その後、あなたのところへやって来たのであれば、それもまたベストです。そのコは必要な体験

を重ねていただけのことです。あなたに会うまでに準備が必要だったのかもしれませんね。前の飼い主さんのところで終生暮らせなかったからこそ、ご縁がつながるのが保護っコたちです。万一、彼らがつらく悲しい体験をしていたとしても、それが、あなたを引き寄せる材料となるのです。**過去につらい体験をしたからこそ、そのコは新しい家族を得て、人の愛をほかのコよりも何倍も深く感じ取ってくれる**のかもしれません。恵まれた生活に、より深く感謝をしてくれていることでしょう。

こんな経験を積んだコと出会うのも、魂の共鳴現象によるものです。事前準備を済ませて、いよいよ本番。魂が引き合う飼い主さんを見つけたら、その人の元でミッション遂行のためにGO！です。そう思うと、保護っコをお迎えになった飼い主さんは、そのコを見る目が変わるかもしれませんね。「かわいそうなコ」ではなく、あなたに出会ったのですから、**「強運の持ち主！」**ともいえるでしょう。もし、そのコを憐れむ気持ちで、ずっと見ているのだとしたら、「そうでもないのかもしれない」という気持ちになっていただけたら幸いです。**そのコをどのようにみるか、みる目はとても大切です**から。

過去に厳しい課題をクリアしてやって来てくれたコ。そんな経験豊富なコをお迎えする飼い主さんも、それを受け止めるだけの心の準備を整えられたのだと思います。

「このコ、絶対に前世でご縁があったと思うんです。だからこんなに、たまらなくかわいいんだと思って」

歴代、飼ってきたペットたちの中でも、飼い主さんの想い入れが、とりわけ強いコはいるものです。初めて出会った当時のことを思い出してみてください。そのコがあなたのお宅へやってくるまでの経緯も思い出してみてください。その頃のあなたのライフスタイル、家庭環境、心の状態などを振り返ってみましょう。その出会い方、暮らしの中で起きた出来事、そして、お別れのしかたまで。

振り返ってみると、格別なものを感じる、特別なご縁を感じると、多くの方がいます。先述の、見えないへその緒でつながっているような感覚のことです。そんなコとは、魂のご縁が深いのだと思います。そういうペットのことを、私は**「ソウルペット」**と呼んでいます。

互いに生まれ変わっても、また出会う魂。その魂に記録が残っているのでしょうね。その記録に従って、互いに魂を成長させるのにふさわしければ、今世で再びご縁がつながるのだと思います。つながると、当時の記憶が無意識のうちによみがえります。それが、えも言われぬ愛おしさを感じることの真相なのでしょう。

出会いを振り返ったとき、そのときのあなたにピッタリなコがやってきていると感じませんでしたか？　そのコがソウルペットであれば、それをいっそう強く感じることでしょう。

そんなコとの地上でのお別れは、よりつらいですね。

「ほかのコと分け隔てするつもりはなくても、そのコのことだけは、いつまで経っても忘れられなくて……。魂のご縁が深いのですね。なんだか、納得です」

「私の人生に登場した大きな存在でした。つらい時期にたくさん助けてもらいました。感謝しかありません」

「あっという間に駆け抜けていきました。短い一生だったからこそ、私に強烈な印象を残していきました。そのコから学んだことが、私を成長させてくれました。これからもずっと私のソウルペットですね」

どのコも、あなたの人生において必要な時期に、必要なお役目を果たすために、あなたのところへやって来ます。お役目を果たして、旅立っていくのでしょう。私の愛犬もそうでした。前々から聞いていた旅立ちのタイミングと合致する時期に、お空へと引っ越していきました。私の愛犬もまたソウルペットです。詳しいお話は、またのちほどいたしましょうね。

アニマルコミュニケーションでは、そのコがやって来た理由や、飼い主さんが選ばれた理由を、尋ねられることがよくあります。そのコから聞いたお話をお伝えすると、多くの飼い主さんは思い当たることがあるといいます。

「ほんとにそのとおり！　うちのコ、すご～～い!!」

いつもそんな飼い主さんを目の前に、お伝えすることがあります。

「そのコが、すごい！ってことは、あなたもすごい！ってことですよ」と。

キョトンとされる飼い主さんもいます。

「ペットばかりが、すごいわけじゃないんですよ。ちゃんと飼い主さんに見合ったコがやってくるんですから」

「そうなんですね。じゃ、私、このコが導いてくれるように歩んでいけば、大丈夫なんですね」

安心した表情に変わります。そうなんです。**ソウルペットは、飼い主を導いてくれるお役目も担っている**と感じます。どんなミッションを持ってやって来てくれるのか、実際にあった事例と私自身の体験を交えて次にお話をしていきましょう。今のあなたにピッタリなおコさんが、あなたの元へやって来た理由がひも解けるかもしれませんよ。

ペットはあなたの応援団長

そのコ、そのコに、今世でのミッションがあります。あなたのところへやって来た理由を、そのコに尋ねたことはありますか？　私の愛犬、小雪は、アニマルコミュニケーターさんを通して自分のミッションを教えてくれました。

「マミィと一緒に、癒やしの道を行くの」と。

私がまだ、アニマルコミュニケーションは特殊能力を持った人が行う、特別なものだと信じていた頃のことです。小雪の体調を整えたくて自然療法を学んでいた頃ですから、確かに小雪のいうとおりでした。この一言で「癒やしの道を極めよう！」と決心したのでした。アニマルコミュニケーションに対する私の見方が、がらりと変わった出来事でもありました。「根拠のないうさん臭いもの」から、「人生の羅針盤」に格上げされました。

それ以来、アニマルコミュニケーションにより、飼い主さんが自分の人生を取り戻していかれる様子を、10年間みてきました。アニマルコミュニケーションが、ただの動物と人間の通訳

に留まらないことを経験してきました。そして、それが誰にでも起こりうる、再現性のあるものだとわかり、無限の可能性を秘めるアニマルコミュニケーションに魅了されたのです。

「ボクはね、家族みんなが仲良しでいるために来たんだよ」と、教えてくれたコ。群れで暮らす習性をもつ、ワンちゃんらしいミッションです。

「私はママを守るために来たのよ」と、ママのガードドッグ宣言をしたコも。

「ママのさびしん坊を埋めるために来たのよ」と、ママの心の奥を見透かすような猫さん。

「ママは、お世話をするのが好きでしょ？　だから来んだ」と、病弱なワンちゃん。

「ママを明るくするために来たの」と、美しい歌声を披露する小鳥さん。

「ママもこうやって、おしゃべりすればいいのよ～♪」

さらに歌声は続きます。ママがお話を始めるとピタリと鳴きやんで、じっと様子をうかがっています。そして、ママがうつむきかげんになると、また「ほらほら」と言わんばかりに、鳴き始めるのです。それも、一段高いトーンで。私たちのお話を理解しているとしか思えません。

「ありがとね、こうやっていつもそばで励ましてくれてたのね」

飼い主さんは、改めて、愛おしさが増したようでした。この小鳥さんは、ママの人生の応援団長です。メガホンなしでもボリュームマックスの美声で、ママだけを応援し続けてくれます。

もし、誰も理解してくれる人がいないと思ったとき、足元を見てください。あなたのことを、つぶらな瞳でじっと見ているコはいませんか？　まるであなたの心模様を知っているかのような素振りです。そのコはあなたを見捨てたりはしません。

「ボクは、ママのことをずっと応援しているよ」

こんな声が聞こえたような気がしたかもしれませんね。そんなときは、空耳ではありません。本当に、そのコがあなたの心に、そう語りかけているのです。心の耳を澄まして聞いてみてください。そのコの想いが、すぅっと沁《し》み入ってきますから。

そのコは、あなたが喜びの中にいるときも、つらさの中にいるときも、どんなときでもあなたと一緒。あなたの心に寄り添って、ともに喜び、ともに悲しんでくれる存在です。たとえ知らん顔をしていて、そんな素振りを一つも見せなくてもね。

「うちのコ、とっても反抗的だし、私の人生を応援してくれるなんて、とても思えない！」

こんな方もいるでしょう。そのコの表面的な行動だけでなく、もう少し意識の奥深い領域をみていきましょう。その人が、その人らしく生きられていないとき、ペットが反乱を起こして、

家族みんなを
仲良しに
するんだ！
ママの
さびしん坊を
埋めるの
ママを
明るくするわ♪

飼い主さんに本来の生きる道を教えてくれるのです。そうでもしないと気づかないですからね。私たち人間は。

「りこさん、うちのコ、すごく偏食なんです。なかなかゴハンを食べてくれなくて……」

パピーちゃんの飼い主さんからのお悩み相談です。お写真を拝見するだけで、おてんばチャンなのが伝わってきます。我が道を貫き通すような気質も感じます。ですから、ゴハンだけでなく、好き嫌いの主張はハッキリとしているタイプとお見受けしました。そしてね、お顔がそっくりなんです。飼い主さんとパピーちゃん。もうこれは、ソウルペットに間違いなしでしょう。

ということは、**「ペットと飼い主は合わせ鏡」**の法則で考えると、「おてんばさんで、好き嫌いがはっきりしていて、主張も強め」、この気質は、飼い主さんにもあるということなのです。しかも、ご本人が気づいていないので、パピーちゃんが見せてくれているのですよね。**飼い主さんのありのままの姿、インナーチャイルド。それがパピーちゃん**なのです。

「あなたのインナーチャイルドが、あなたに出会いたがっているんだと思う。このコは、あなたのインナーチャイルドに共鳴しているだけ。小さい頃、活発な女の子だったんじゃない？だけど、それを何かのきっかけで、やめちゃったんじゃないのかな？」

そう尋ねました。幼い頃、引っ越しをしたことがあるのだそうです。そのときに、その活発な女の子を置き去りにしてきたことを思い出しました。それから何十年も、偽りの自分で生きてきたのでしょう……。

「取り戻して！　前のおうちに置いてきちゃった、本来のママらしさを取り戻して！」

これが、そのパピーちゃんからのメッセージでした。そのコは、翌日、ゴハンを食べたそうです。そのコは、ママに大切なメッセージを受け取ってもらえて、満足したのでしょうね。だからママが与えた、愛がたっぷりの手作りゴハンを受け取ったのでしょう。愛のキャッチボールですね。

ペットというのは、飼い主の心を聞き、癒やしのポイントを見抜き、どう接すると飼い主が感じ取りやすいのかを知っています。わかりやすい表現にしろ、そうでないにしろ、飼い主の人生をストレートに応援してくれています。あなたが、あなたの人生をあきらめない限り、あなたの応援団長でいてくれます。そのコが、お空へ還ってからも、ずっと……。

ペットを幸せにしたければ、あなたがとことん幸せであればいい

「何か不満はないか、尋ねてもらってもいいですか？」
「何か困っていることがあったら、どんなことでも教えてほしいって、伝えてください」
「私に知っておいてもらいたいことがあったら、遠慮なく言ってほしいんです。何か私へのメッセージはありますか？」

アニマルコミュニケーションの現場で聞く、飼い主さんからのご要望です。我がコを想う、愛が満載ですよね。

「わが家へ来てくれたからには、今よりも少しでも幸せを感じてもらえるように……」
少なくとも、本書を手に取ってくださっている飼い主さんであれば、こんなことを願っているのではないでしょうか？

うちのコが、とことん幸せであってほしいと思いますよね？　だったら答えは一つ！

「そのコを幸せにしたければ、あなたが幸せであればいい」これがペットの幸せ絶対法則です。

では、あなたの幸せってなんですか？　冒頭の飼い主さんが、我がコへ投げかけた質問に、こんな答えが戻ってくることがあります。

「ママはね、いつもがんばりすぎだよ。そんなにがんばらなくても、いいんだよ」

「ママは、我慢してるでしょ？　もっと好きなことをしたらいいのに……」

「ママは、一生懸命になりすぎ！　もっとゆったりリラックスしていこう」

こんな声を聞いた飼い主さんは、そのコに返す言葉を失うこともあります。言葉の代わりに涙される方も多いです。だって、こんな答えを期待していたでしょうから。

「もっとオヤツちょうだい！」

「爪切りは嫌いなの！」

「もっと一緒に遊んでほしいな〜」

こんな暮らしの中の、ご要望があるんだろうと予測していたら、まさか、ママの心の中のことを言われちゃうなんてね。誰でも面くらっちゃいますよね。

「ママはもっと自分のことを大切にして」

こんなメッセージを我がコから受け取って、号泣される方も少なくありません。そんなペットからの答えを手掛かりに、飼い主さんのカウンセリングへと発展することもあります。

「最近、がんばり過ぎていることはないですか？」

「これまでずっと我慢してきたことはないでしょうか？」

「つい一生懸命になり過ぎてしまうことに、心当たりはないでしょうか？」

このようにお尋ねすると、やはり、みなさん、思い当たる節があるのですよね。毎度、ペットの**透視能力**の高さに感動します。

カウンセリングを進めていくと、行き着くところがあります。飼い主さん自身が、「ありのままで生きているか……」です。

「自分らしさを見失っていませんか？」

「自分で自分を、がんじがらめに縛っていませんか？」

「自分を粗末に扱っていませんか？」

さらに、私の質問は深くなっていきます。自分のことを大切にしていないことに気づかれる方が続出されます。

本当のあなたの気持ち、本当のあなたの行き先、そして、本当のあなた。自分をどこかに置き去りにしていると、それを感知したペットが、お知らせしてくれるのです。しかも、飼い主さんが気づきやすいように、アピールしてくれます。だから、飼い主さんにとっては、お困りごと、悩みのタネとなることもしばしばなのです。

これが**「ペットの問題は、飼い主へのサイン」**と言い続けている理由です。ただのお知らせですから、まずは、お知らせを受け取ればいいのです。先述のように、「我慢している」と知らせてくれたなら、それを受け取って、次のように自分に問いかけてみるのです。

「いつ頃から我慢するようになったんだろう？」

「どんなときに我慢しちゃうんだろ？」

「我慢することで、何かを回避できているのかな？」

だんだんと、自分が我慢するときのパターンが見えてくるでしょう。パターン化した心のあり方は、自分では見えないものです。自分では把握できていないからこそ、やっかいなのです。ついつい染みついた犠牲者マインドが、我慢させてしまうのかもしれません。自分の欲求を封じ込めてしまっているのを、ペットに見抜かれているのですよね。そのコは、笑っているママの顔の奥に、我慢する不機嫌なママの顔を見ているのです。本当にすごい感知能力だと思います。あっぱれ！

大好きなママがどこか不機嫌だなんて、そのコの気持ちを想うと切なくて……。

「ママに、とびっきり幸せになってもらおうね」

その後も、ご縁が続くかどうかなんてわからないのに、思わずこんなことを口走ることもあります。でも口から出まかせを言って、このコをがっかりさせてしまうんじゃないかという心配は、一時のもの。

「うちのコが、ここへ寄越したんだと思います」

そう言って、私が運営するスクールで学びを深められていきます。

ペットたちは、飼い主さんの心に寄り添って、その生きづらさをずっと見てきたんだと思います。飼い主さんを楽にするために、アニマルコミュニケーションへと誘導しているんだろうなと感じることが多々あります。

「ママ、もういいよ。楽になろう」って。こうして、アニマルコミュニケーションを習得するつもりが、いつの間にか、生きる力の習得になっていく方が、あとを絶ちません。

あるとき、アニマルコミュニケーションだけでは、ペットの幸せに貢献できないと悟りました。そこで編み出したのが、**「セルフラブメソッド」**です。**ペットと暮らす「人のための幸せ法則。本当の自分を取り戻していくプログラム**です。

「いつ頃から我慢するようになったのか」
「どんなときに我慢しちゃうのか」
「我慢することで、何を回避しているのか」

これらの答えが、自分の内側からスルリと出てきます。そんな自分に驚かれます。一つ驚くごとに、一歩、本当の自分に近づきます。偽の笑顔の向こうの顔が、どんどん本当の笑顔になっていきます。するとペットもニッコリです。

ペットの幸せは、飼い主さんの幸せ次第。あなたが、とことん幸せであってください。

飼い主となったあなたが、そのコにしてやれること

私たちを飼い主と決めてやって来てくれて、いつでもどこでもどんなときでも、全面的に私たちの人生を応援してくれるペットたち。その愛の示し方に、心を奪われますよね？

「あのコたちは、絶対に愛を裏切らない」

「無償の愛で癒やしてくれる」

こんな飼い主さんの声もよく聞きます。無償の愛で、とことん私たちに寄り添ってくれるペットに、飼い主として何ができるでしょうか？

少し魂のお話をいたしましょう。

ペットも人と同様に、輪廻転生《りんねてんしょう》を繰り返します。地球において、鉱物、植物、動物、人、という順に霊性を進化させていきます。逆行することはありません。人の魂と動物の魂は、別々

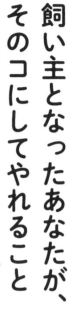

の世界で暮らしています。動物の魂が住む世界の中でも、ペットはペット専用の世界に住んでいます。

そのコは、あなたを飼い主と決めてやって来て、あなたとの暮らしを通してさまざまな体験をします。動物の姿をしながらも、人を疑似体験できる貴重な機会でもあります。そうして、そのコの地上でのミッションを完遂しようとします。やがて、そのコなりのタイミングで、お空へと旅立っていきます。

ペットの魂が還っていくのは、ペット専用ひかりの国。そこには、ひかりの学校があります。学校ですから、学年が分かれています。

そこで、私が常々、思っていることがあります。魂の霊性進化の観点からも、「どのコもお空へ還ったときに、学年が一つ上がるといいなぁ」ということです。

「今度は、人に生まれておいでね」

お空のコへ、そう優しく語り掛ける飼い主さん。こんなことを願う飼い主さんには、賢い教育ママになっていただきたいと思います。

教育ママというと、教育熱心な飼い主さんのイメージですよね。そうなんですが、それは、ワンちゃんでいうところのドッグトレーニングができているとか、トイレがちゃんとできるとか、そういうことではないのです。私もペットの健康のために、日々の細かいケアをお伝えしている身ではあります。健康を維持すること、命を預かるという点では、そういった具体的なことも、とても大切なことです。けれど、ここで特にお伝えしたいのは、魂の学年を上げてやるための心得です。

それは、彼らが、そのお宅へやって来て果たそうとしているミッションを遂行させてやることではないかと思っているのです。

「家族の調和を保つために来た」というのであれば、そのご家庭では現在、調和が崩れているか、崩れかけているのかもしれません。また別のご家庭では、これからも変わらず、ずっと調和が保たれるように、家族の調整役として来てくれているのでしょうね。だとしたら、そのコが一生をかけてまでやり遂げようとしていることに、協力してやってほしいのです。

そして、そのコがお空へ還るとき、こう思ってくれたら、私はとってもうれしいです。

「あぁ～　この家に来てよかった！　やりきった！　楽しかった！　満足！　満足!!」ってね。やりきった、つまり、学びきったら次の学年に上がるでしょう？　だから、飼い主さんには賢い教育ママになってもらいたいのです。教育熱心になってもらえたら、うれしいです。22

ページ（「ペットはあなたの応援団長」）でお伝えしたように、そのコのミッションを知って、それを叶えるために、あなたがやるべきことをやる！　そのために必要な学びがあるなら、それを学ぶ。だから本当に必要な教育は、自分自身を教育することですね。教えてくれるのは、ほかでもない、そのコかもしれません。

「ほんとに、いろいろと大切なことに気づかされる」

「このコに鍛えられるわ～」

これが、賢い教育ママたちの生の声です。そして、みんな、我がコに深く深く感謝します。だって、それがママの本当の幸せへの導きなのですから。

私は、そのコたちは神さまのおつかいさんなんじゃないかと思っています。神さまの指令に従って、私たちを選んでいるんじゃないのかなと感じることもあるのです。

そして、たとえそのコがお空へお引っ越し済みだったとしても、アニマルコミュニケーションは可能だということです。だから、もう手遅れとがっかりしないでくださいね。そのコが手元から旅立っていったタイミングで、アニマルコミュニケーションに出会う方は、とても多いですし、そういった方でも、そのコのお空からのメッセージに従うことで、そのコがニッコリ微笑んでいるのを数多く見てきているからです。中には、ちゃっかり、交代要員を地上へ送り出し、お空と地上とで連携プレーをして、ママを導くミッションを遂行するコもいます。

どこまでけなげなんでしょうね。その根気のよさというか、一つのことに集中できる力は、ペットならではの能力であるという気がします。自分の命をいとわずに、人に尽くそうとする姿にも心を打たれます。そんなコたちに、飼い主として恩返ししたいと思うのですが、あなたはどうですか？

「そのコを幸せにしたければ、あなたが幸せでいる」。これが鉄則でしたね。飼い主となったあなたが、そのコにしてやれること。それは、あなたが幸せでいる姿を彼らに見せてやること。そして、ありったけの感謝を伝えてあげることなんじゃないかと思います。そうしたら、きっとお空へ還ったときに、学年が一つ上がるに違いありません。

PART 2

ペットの問題行動が ピタッと止まる 飼い主の習慣

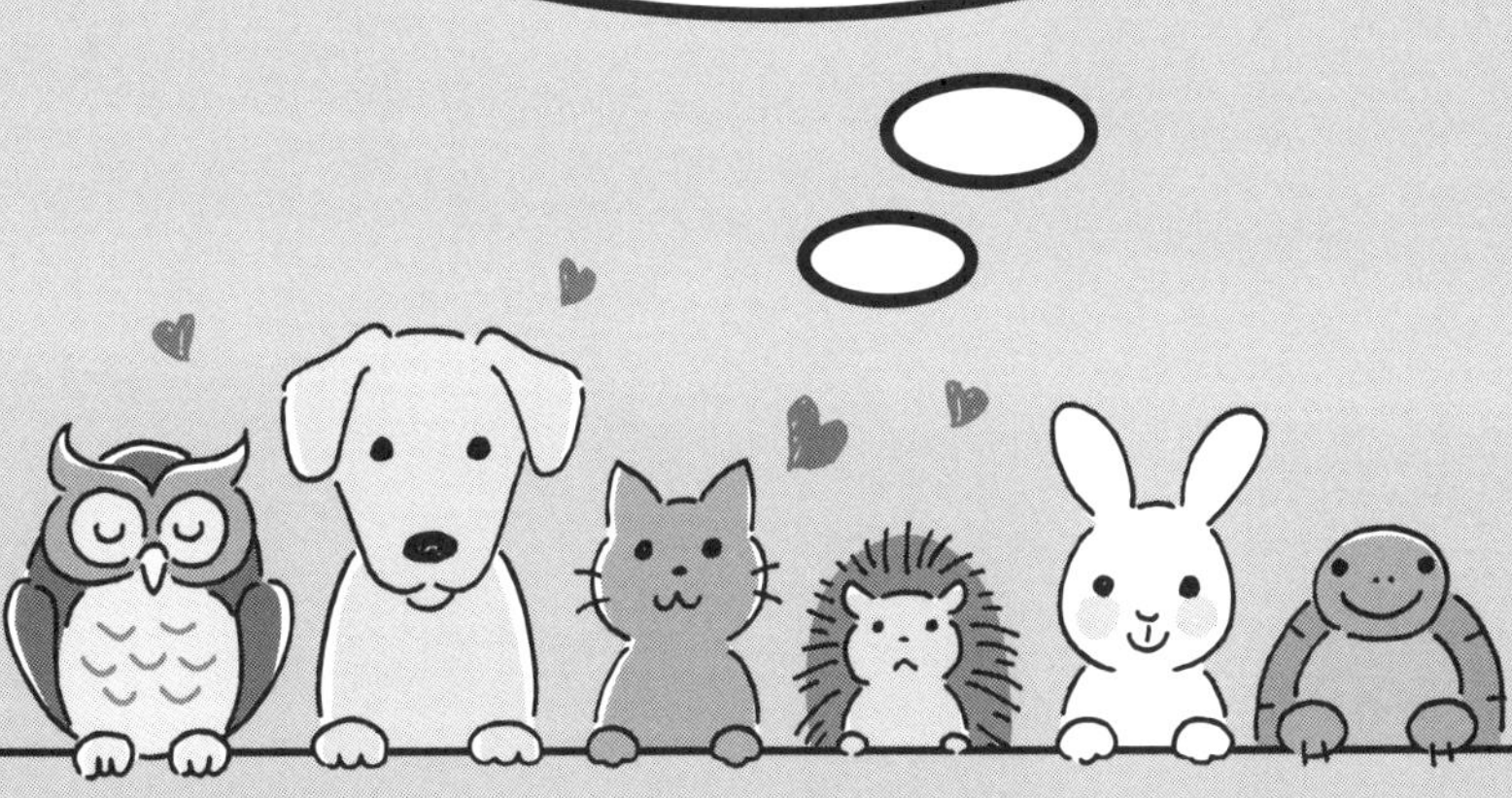

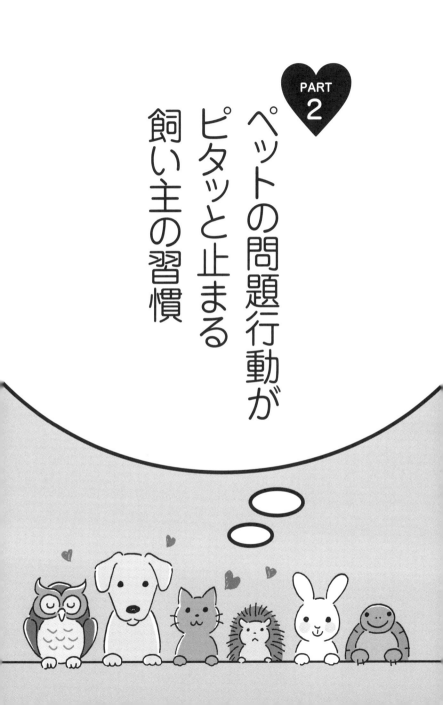

ペットのその問題の正体は？……あなたの思考のクセだった

「飼い主の意識が、我がコに影響することを、何度も実感しています。私がイライラして心の余裕をなくしていると、これまでトイレを失敗しなかったのに、粗相するようになったことがありました。私が無理をしていると、夜中に吐いたこともありました。思い起こしてみれば、すべて私の意識とリンクすることばかりです。体を張って知らせてくれているんだなぁ、といつも反省します。なるべく毎日を楽しく、ゆとりを持って過ごそうと思います」

定期配信しているメールマガジンに、こんなメッセージをいただいたことがあります。飼い主さんの心の状態いかんで、ペットの問題行動や体調不良が起こるということを、端的に表している一通でした。伝え続けている「ペットと飼い主は、合わせ鏡」、「ペットの問題は、飼い主へのサイン」を実感された体験談ですね。

おっしゃるとおり、心の余裕は大切です。飼い主さんの体に不調があれば、心の余裕も少な

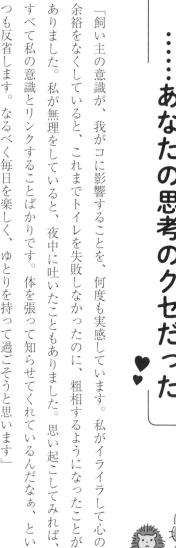

くなります。人間関係や経済のトラブルに直面すれば、たちまちストレスとなり、心の空き容量はなくなってしまいますね。毎日の業務に忙殺されて時間的余裕をなくせば、それも心の余裕のなさと直結するでしょう。

もし、あなたが今、「うちのコのことで困っている」と感じたなら、こんなことをしてみてはいかがでしょう？　まず、そのお困りごとを、なるべく具体的に、細分化してみるのです。

何にお困りですか？　トイレのお困りごとを例にして、一緒に考えてみましょう。

床が汚れることに、困っている？

片づけるのが面倒で、困っている？

片づける時間を取られることに、困っている？

臭いがつくことに、困っている？

ゴミが増えることに、困っている？

洗濯が増えることに、困っている？

ほかに、何があるでしょうね。さぁ、本当は、あなたは何に困っているのでしょうか？　お困りということは、それをやっかいに感じているということです。あなたの素直な心の声を聞いてあげましょう。

心の声を聞けましたか？　「トイレの失敗」というお困りごとについて、本当は、あなたは何をいやがっているのでしょう？　特定できたら、それだけでも少し心に空きスペースができたような感じがしませんか？

では、次に、心を鎮める時間をとりましょう。静かに目を閉じます。「正直な自分になった」と心の中で唱えます。これで素直に自分の心と向き合えます。そして、あなたとあなたのおコさんとのこれまでを、振り返ってみましょう。

そのお困りごとはいつ始まりましたか？　その頃、あなたにゆとりがなくなっていたことは何でしょう？　ふと思い当たることがあれば、それが、お困りごとの源泉でしょう。

実例をお話ししましょう。今まで上手にトイレができていたワンちゃん、8歳オトコノコです。テーブルの下で、急に粗相をするようになったのですって。これは何かのサインと受け取ったママさん。そのコに尋ねました。「何か、言いたいことがあるのよね？」。すると、そのコはこう答えたそうです。

「自由」

「えっ？　自由？」と、ママは聞き返しました。

「好きにしていいじゃない！　別にどこで（オシッコを）してもいい！」と答えたそうです。それを聞いて、ママは思いつくことがありました。最近、「早くやらなくちゃ！」と焦っていたことがあったそうなのです。別に、早くやらなくちゃならない理由もないのに、ひとりで時間に縛られ、焦っていたことに気づいたそうです。「のんびりいこう」。そう決めたら、ワンちゃんのトイレ騒動はピタッと止まりました。

この飼い主さんは、日常的にアニマルコミュニケーションを使っているので、このように直接ワンちゃんに尋ねることが可能です。けれど、アニマルコミュニケーションをしない飼い主さんでも、ピタッとお困りごとを止めることはできます。たとえば、こんなふうです。

「テーブルの下でオシッコをされることの何がいや？」と自分の心に尋ねます。「片づけと掃除の手間がいや」と感じたとします。理由は、自分の「自由な時間が奪われる」感覚になるから。そこで、自分の身辺調査です。最近、「自由な時間が奪われる」と思う出来事があったはずです。「それは何だろう？」と、もう一度心に尋ねます。するとピン！とひらめくのです。「別に焦ってやるほどでもないことを、やらなくちゃ！　とアタフタしていたわ。それを考えるだけで、自由な時間を奪われている気分になっていたわ。私は、本当は、焦らずのんびりと、マイペースでやりたかったんだ！」

これが、本当の心の声です。こうして、自分の本当の思いと行動の不一致に気づくと、ペットの問題行動もピタッと止まるというしくみです。

そのコは、問題行動として、あるいは、体調不良として、あなたにお知らせしてくれています。大好きなあなたが、あなたらしく輝くために、サインを送ってくれているのです。

ペットと暮らせば、日常のささいなお困りごとなんてたくさんあります。そのお困りごとを見過ごすのか、あるいは、このように丁寧に取り扱うのか、それによって飼い主さんの人生に違いが出ます。ワンちゃんのトイレ問題が、飼い主さんの人生を変えるなんて、大げさに聞こえるかもしれませんが、ウソか誠か、やってみる価値はあると思います。

「ペットの問題は、飼い主へのサイン」

彼らが出している小さなサインに気づき、そのお困りごとに込められたメッセージを読み解けたなら、そのコはもうメッセンジャーのお役目をする必要はなくなります。こうして、お困りごとは収束していくのです。**問題児が、あなたの救世主に様変わり**です。ますます絆を深く感じて、かわいくなりますね。たくさんの「ありがとう」の言葉に、愛を乗せて贈ってあげてください。それがそのコへの、とびっきりのご褒美です。

あなたはその問題をあきらめていませんか？……気づきが解決への糸口

体を張って、飼い主さんへお知らせをしてくれたコたちの実例を、簡単にご紹介しましょう。

ワンちゃん、猫ちゃんには、よくある問題行動ですから、もし、あなたもお困りごとを抱えていたなら、いずれかの事例に思い当たる節があるかもしれません。まずは、飼い主さんが気づくことからスタートですから、参考になれば幸いです。

◆うちの猫のマーキングは、自分の存在をアピールしているんだと思いました。存在を認めてもらいたいのは、私自身だと気づいたら、止まりました。

◆帰って来ない猫の言い分に耳を傾け、その気持ちを受け入れたら、自ら帰宅しました。家

出の理由がありました。これからは気持ちよく家にいてもらえるよう心を入れ替えます。
◆3時間も吠《ほ》え続ける元保護犬に困り果てていたところ、それは私が抑圧している怒りだと気づいたら、吠えるけれど普通程度になりました。
◆お散歩に出かけると、リードを引っ張ってご近所のワンちゃんに吠えかかりにいっていたのですが、出かける前に、「また吠えるでしょ⁉」と、いつも想像していたことをやめて、楽しいことをイメージするようにして出かけたら、すんなり素通りできました。
◆縄張り意識からなのか、外に向かって吠えるのがひどくて困っていたのですが、それが私自身の不安な気持ちを表しているとわかり、私の心を癒やしたら吠えが収まってきました。
◆犬の食糞に困っていたのですが、「食べる」ことは、エネルギーの補給であり、私自身が補給したがっているエネルギーは、家族の愛だと気づきました。家族の愛を大切にし始めたら、あれだけ困っていた犬の食糞が、即、収まりました。
◆私自身が、自分の正しさを貫き通すのをやめたら、犬の咬《か》みつきが収まりました。
◆私が「咬みつくコだから」という思い込みをはずしたら、咬まなくなりました。
◆会社の上司と和解したら、セキセイインコの攻撃行動が止まりました。咬みつかなくなったのです。

◆やりたくない仕事を我慢してやっていることに気づいたら、インコが餌をばらまくのをやめました。そして、飼い始めたときから2年間、首を振ることがなくて、このコはしないのかと思っていましたが、なんと、ご機嫌に首を振るのを初めて見ました。

ペットが飼い主の合わせ鏡だとしても、どうしてこんなことが起こるのでしょう。怒り、悲しみ、怖れ、孤独……。**私たち人間の感情を、一瞬にして感知できるペットたち。**もちろん、**ネガティブな感情だけでなく、喜びや幸せも感じ取ってくれます。**

2019年に麻布大学など4大学の共同研究で「イヌは人間に共感する能力を有している」という研究結果が発表されました。飼い主さんがリラックスすると、ワンちゃんの心拍数は下がり、飼い主さんにちょっとしたストレスを与えると、ワンちゃんの心拍数が上がったのだそうです。

その結果は、一緒にいる年数が長いほど、加えて、オトコノコよりもオンナノコのほうが顕著だったそうです。飼い主さんの気持ちって、風邪のようにワンちゃんに伝染するってことです。それが、大学の研究結果として発表されたことは、「ペットと飼い主は、合わせ鏡」を裏付けることにもなり、とてもうれしくなりました。

自然の中で暮らす野生動物とは異なり、人間の家庭で暮らすペットとはいえ、さすが動物的感覚は鋭いです。彼らは、人間の感覚器官では感知できないものまで感知します。犬笛は、人間の可聴域では聞こえませんが、ワンちゃんに聞こえることはご存知でしょう。地震を前もって感知して、落ち着かなくなる猫ちゃんもいますね。雷が鳴り始める、ずい分前からおびえるコも多いのです。彼らの嗅覚も優れていること、視覚については、視野は広いけれど色彩は豊かではないことは、ご存知のとおりだと思います。

人間には見えないもの、聞こえないもの、感じないものまで、見えて、聞こえて、感じています。そんな存在と一緒に暮らしていることを、どうぞご理解ください。そんなことくらい知っていても、つい人間目線で彼らを見てしまうのが、私たち人間の習性ですよね。ですから、彼らの生活環境を整えてやることに関心を持っていただきたいのです。あなたの物差しではなく、あなたが一緒に暮らしている**動物の物差しで量ってやってください。彼らは彼らなりに、人間の物差しに合わせようと努力をしています。**

もしかしたら、あなた自身がとても繊細な感覚の持ち主かもしれません。人の感情を察知して、いちいち反応してしまうタイプかもしれませんね。イライラや攻撃的な感情を発している人と接したときに、家に帰ってからぐったりしたり、頭痛や気分が悪くなったりした体験はありませんか？

ペットに癒やしてもらって元気を取り戻すような毎日、という方も多いものです。私もカウンセリングの現場で、「ペットは癒やし」という言葉を、しょっちゅう聞きます。ペットが癒やしの存在というのは、もう世の中で定着していますものね。ペットに触れるだけで、人間の脳内には幸せホルモンが放出されるという研究データもありますから、実際、ペットが癒やしの存在であることは確かです。

私も愛犬がいたときといなくなってからでは、仕事のあとの疲れの取れ具合が違います。いなくなってわかりました。私の癒やしを担ってくれていたのですよね。ありがたい存在でした。

ペットが私たちを癒やしてくれる……こういうとき、見えないエネルギーの世界で何が起きているかというと……。飼い主さんからペットへ、「イラッとボール」がパスされるのです。パスされた「イラッとボール」からはストレスガスが出ます。これは、無意識で誰もが行っていることです。

放った飼い主さんはスッキリしますが、受け取ったペットは、そのガスの影響を受けます。

しかも、人より小さな体で。現実の世界で、それが問題行動となったり、病気になったり、という形で現れるのです。「病は氣から」の**氣の源は、飼い主さんの氣**です。

なぜなら、そのコが宇宙一好きなのは、飼い主さんだから。だから**飼い主さんの影響を宇宙一受ける**のです。そして、それをいとわずに引き受けてくれるのが、なんともいじらしいところです。これを無償の愛と呼ぶことがありますね。

飼い主さんは、飼い主さんなりの愛で、ペットに伝えようとします。「もうこれ以上、私のネガティブな面を引き受けてくれなくていいと伝えてください!」こう頼まれたところで、それは無理というものです。エネルギーは、飼い主からペットへと流れる法則なのですから。

私がいくらお願いしたところで、食い止めようもありません。だったらあきらめる?? いいえ! 決してあきらめないでください。あきらめることはいつでもできます。

飼い主さん自身が、自分で感情をコントロールできるといいですね。感情をペットの前で出さないようにするということではありません。自分のネガティブな感情が出ないように、自浄すればいいのです。自分でいやな気持ちをずっと持ち続けているのではなくて、自分でその気持ちを解放できたら、うれしくないですか? いつもスッキリ軽やかでいたいですよね?

「イラッとボール」を出していることに気づいて、それがうちのコにどう影響しているのかを知り、その解消方法を学んで、練習して身に着ける。するといつでもどこでも軽やかに過ごすことができます。心美人ので き上がりです。

「職場で発生した負の感情を、愛猫が待つ家に持ち込まないようにしています」。こんな飼い主さんもいます。帰宅中にセルフカウンセリングをして、自分の心をニュートラルにしてから玄関扉を開けるのですって。かわいい我がコのために徹底されていますね。**飼い主さんが習慣を変えたら、猫ちゃんの体調も整ってきている**ようで、よかったです。

ペットに影響を与える人の想念というのは、日々の生活の中で発生するものだけではありません。飼い主さん自身が気づかない、心の奥深く、潜在意識に沈殿しているものも、雑音として感じ取ってしまいます。そんなことを聞けば、「自分でわかりようもないないなら、もうお手上げ！」と言いたくなりますよね。大丈夫です。ご安心ください。

前述のワンちゃん、猫ちゃん、小鳥さんの飼い主さんたちが先輩です。あの先輩たちのように、**自分の中で抑圧している感情や、自分で気づかなかった心のあり方に気づいたら、あのコたちもすっかり落ち着きました。**一つ解決すると、今度は幸せホルモンのききがよくなるのです。うまく愛が循環するようになります。ペットと飼い主の双方で愛し愛され、癒やし癒やされ、互いに支え合える相棒《バディ》の関係性へと発展します。

そのコを、愛玩動物としての存在とするのか、あなたのバディとするのか、それはあなた次第。あなたの意識一つで、どちらにもスイッチ可能です。そのコが、すでにお空の住人であったとしても……。

問題があるときに、まずやることとは？……環境を整える

あなたは、そのコに安心安全な場を提供してあげられていますか？「場」には、二つの意味があります。一つは、**そのコが住む環境としての場**。そして、もう一つは、**心の状態としての場**です。

もし、あなたがそのコのことを、「うちのコ、ビビリなんです」「うちのコ、怖がりで……」「うちのコは神経質」と思うなら、「場」を整えてみてください。吠えや咬みつきが収まったり、落ち着きを取り戻すきっかけとなることでしょう。

まず、お部屋やハウス、ベッドなど、実際の空間のことをお話ししましょう。そのコが心地よく過ごせるようにいろいろと考えて、住環境を整えていると思います。「気に入って使ってくれるかな～？」なんて、そのコの喜ぶ顔を想像しながらのお買い物は、楽しいですよね。では、せっかくなので、もっともっとご機嫌でいてくれるように、意外と見落としがちなポイン

トをお伝えしますね。

ズバリ直球で、お尋ねします！

あなたのお宅では電磁波対策を、どの程度していますか？　先にお話ししたように、彼らの感知能力は、人間の比ではありません。**電磁波が見えるコ**もいます。**感じるコ**もいます。**聞こえるコ**もいます。

人間でも電磁波過敏症の方がいますね。つらい症状に悩まされるそうです。お察しすることしかできません。理解されないと余計につらいですよね。私は過敏症ではないですが、どちらかというと、感知はしやすいほうです。スマホを長く持っていると、手がしびれてきます。なので夜、Ｗｉ－Ｆｉの電源を、コンセントから抜いて就寝するようにしています。けれど、たまに抜き忘れることがあるのです。そんなときの朝の、寝起きの悪いことといったら……。もうこのうえなく不快でしかありません。朝から体が重いのです。

あなたのおコさんが、落ち着きがなかったり、どこかしょんぼりしていたり、不機嫌そうな表情をしていたら、もう少し空間の環境に関心を持ってもいいかもしれないですね。いつも寝ている場所を少し移動しただけで、影響が少なくなったワンちゃんもいました。夜、Ｗｉ－

Fiの電源を落としたら、1時間おきに目覚めていたワンちゃんが、朝までグッスリと眠っていたなどという事例もあります。

「天井をぼーっと眺めるワンちゃんの視線の先には、グルグルと渦巻きがあったんです。電磁波を見てるんだと感じました」

こんな報告をくれたアニマルコミュニケーター仲間もいました。私たちアニマルコミュニケーターは、そのコになりきって、そのコの目線でものを見ることができます。そんな特性を知って、飼い主さんはご相談くださったのですね。

「幽霊でも見えてるんじゃないかと思って」と。

幽霊も広義では電磁波です。けれど、ほとんどのケースでは、幽霊の正体は、おうちの中に流れている電気のノイズです。そんな幽霊退治は、飼い主さん自身が行うしかありません。

「Wi-Fiが設置してあるリビングで、金属製のケージに入れられてお留守番をしているペット。そのケージが壁にピッタリつけて置かれていて、その近くにはコンセントがあってね。長時間の留守番をペットカメラが監視しているの。これもう虐待ね」

こんなことを話す電磁波の専門家に会ったことがあります。けれど、一軒一軒、状況は違うとも言っていました。これを機に、おうちの「場」をチェックしてみてはいかがでしょうか?

人間の大人よりも、体も小さく、頭蓋骨も薄い動物たちの身になって、環境を整えてやってほしいと思います。使っていない家電のコンセントを抜くことならば、今すぐできる対策ですね。できることから一つずつ。彼らの心身が整うということは、飼い主さんの心身も整うということです。人の心身の不具合が出る前に、こうしてお知らせしてくれるペットの存在は大きいですね。

電磁波の通り道を自ら関所となって、飼い主に影響が及ばないようにしてくれているコもいるほどです。その代償として問題が発生しているのだとしたら、**快適な環境を与えずに病気や問題行動にばかり目を向けても、収まるはずもありません。**原因を見落としているために問題が発生し、それが理由で飼育放棄されているケースも、一定数あると想像すると切ないです。

安心安全な場で、ゆったりまったりしているコを眺めていたいですね。

ビビリさんが求めているものは？……あなたがパワースポットになる

では次に、もう一つの場について、お話ししましょう。「心の状態」という場についてです。

こちらも先に答えからお教えします。

飼い主さんの心の状態が、ペットにダイレクトに影響します。ビビリさん、怖がりさんの飼い主さん自身が、心配性ということは、よくあるパターンです。ペットにとって一番安心安全な場であってほしいのは、飼い主さんであるのに、そうではなくなるのです。すると逆転現象が起きます。ペットが飼い主さんを、必要以上に守ろうとするか、頼る人がいないので自分でがんばって防衛するしかなくなります。

逆の立場になって考えてみてください。あなたがもし、不安そうな人と一緒にいたら、「大丈夫かな……」と不安な気持ちになりませんか？　相手の気持ちが伝染した体験を、ほとんどの方がお持ちだと思います。では、どんな人がそばにいてくれたら、安心でしょうか？

あなたが、どっしり肝っ玉母ちゃんになれば、彼らは安心できます。けれど、これは電磁波対策と違い、今すぐにできるものではないですね。もし、あなたが不安を抱きやすい性質ならば、それを「性格だからしかたない」とあきらめるのではなく、まずはあなた自身が不安や怖れから解放されることをおすすめします。

一般事例をお話しする前に……。予期不安をお持ちで、つらい症状に悩まされている方もいると思います。症状が和らぐことをお祈りします。

本書での事例は、私が運営するスクールの生徒さんに協力いただいたものが中心です。当スクールでは、医療機関への通院、及び、投薬治療中の方のご受講やご相談は、お受けできないことになっておりますので、あらかじめお伝えしてからお話を始めますね。

こんなことがありました。

「旦那さんがいなくなったら、どうしよう……」

こんな不安が、ふと、よぎるのですって。自分でも、理由はわからないそうです。旦那さまは、いたってお元気。仲良しご夫婦です。それなのに、なぜ……?

「交通事故に遭ったら、どうしよう……」

「病気になったら、どうしよう……」

「お金がなくなったら、どうしよう……」

ありもしない（あるかもしれないけれど、非常に確率は低い）未来に、不安や怖れを抱くことって、誰にでもありますよね。妄想だってわかっていてもね。繰り返し起こる、不安や怖れ。これは、頭の中から消し去ろうとしても、なかなか消えてくれるものではありません。

あなたもそんな体験をしたことがあるでしょう。**「考えないようにしよう！」と思えば思うほど、「考えちゃう！」という状態です。こんなときは、もともとの理由があるので、それを解消してやることが大切です。**

理由のない不安に襲われるというその方に詳細をお聞きすると、根源の出来事が判明しました。「捨てられる恐怖」でした。ご両親の離婚の危機を、幼い頃に体験していました。お母さんは、弟さんだけを連れて、家を出たそうです。結果的に、ご両親の離婚は免れましたが、その出来事が、幼い心に傷跡を残しました。

「もしかしたら、また自分だけ置いていかれるかも」

その出来事以降、その子は、お母さんに置いていかれない工夫をし始めます。その子が、思いついた工夫は、「いい子にする」でした。お母さんにとって、いい子であれば、お母さんに気に入ってもらえますから。それなら「捨てられない」と思ったのですよね。

こんな幼い頃の出来事を思い出し、当時の気持ちをよく感じ、その気持ちを昇華させてあげることが、この方の場合の不安の根本解決でした。そうしたらさっそく、こんな喜びいっぱいのお知らせをくださいました。


「先日は、解放してくださって、ありがとうございました！　もう、これまではなんだったの⁉っていうくらいにスッキリしています。一番つらかった幼稚園のときの記憶……。完璧に蓋をされていました！　もう出そうよ‼ってもがいていたのかも。幼稚園のときの私を、たくさんヨシヨシしています。

そしたら、旦那さんに対しても、意識が変わりました。旦那さんは、今朝も出かけて行ったんですが、
誰と行くの？

どこ行くの？

聞きたいけど、聞くと嫌われる？

もっと聞きたい！

しつこい？

うざいかな？

嫌われて、いなくなられたら……とか、訳がわからない悶々《もんもん》が、全くなかったのです！　笑顔で、いってらっしゃーい！と送り出せました！　すごい、すごい、すごーい！　本当にありがとうございました！！！

お話を聞いてもらって、たったの5分でこの開放感！　頭から栓が抜けて吹き出しました！

それとともに、旦那さんのことを、自分が思っている以上に大事なんだって気づけました！」


びっくりマークだらけのお知らせ。受け取った私も、とってもうれしくなりました。これが、幸せの循環です。こうして、人と人とは、無意識のうちに干渉し合っているのですよね。

人が自己を築いていくプロセスは、わりとシンプルです。出来事って、思った以上にささいなことなんです。夫婦げんかや離婚の危機なんて、どこのご家庭にもあることですよね。それは、大人の視点で物事をみているからささいなこと。

でも、経験が少ない子どもにとって、家庭という場は、それが世界のすべてのようにとらえます。だから、家庭の中で起きた小さなトラブルは事件ですよ、大事件！　こうして一つずつ世界を知り、学んでいくのですけれどね。子どもにとっては試練ですね。あなたにも、似たような体験があるのではないでしょうか？　「理由のない不安」の理由が判明しました。これで、妄想ストーリーに登場する見えないオバケに怖れおののくことは、旦那さまの案件以外でも激減することになります。どこか漠然と不安を感じていたママが肝っ玉母ちゃんに変身すれば、ペットの心と体も安定します。肝っ玉母ちゃんが、ペットたちへ安心の場を提供することができるからです。

警戒心が強くて、いつもオドオドしながら吠えていたコも、まったりゆっくりお昼寝できるようになります。キツかった目つきが、ニコニコおめめに変わります。

環境の場、心の場、両方の場を安心安全に整えてみてください。環境の場に住む渦巻き幽霊、心の場に住む不安オバケを、うまく退治できたらいいですね。あなた自身にも、ペットを含む、あなたの大切な人たちにも、平穏なときがやってくるでしょう。そのとき、**あなた自身がパワースポット**です。

ワン
ワン

我がコにダメ出しをしていないか？……ペットも自己肯定感が低くなる

「言葉には、魂が宿っています」などというと、ファンタジーの世界のお話のように感じる方もいるかもしれませんが、現実世界のお話です。言葉を呪術的に使うこともありますが、ここでは日常会話、特にペットとの対話について取り上げていきますね。

言葉は、発する人の想いを乗せて、相手に届きます。そして、届けられた人の心のフィルターを通して、言葉が受け取られます。この言葉に乗る想いのことを、ここでは「言霊《ことだま》」と呼ぶことにします。

言霊パワーでペットが変わるとしたら、「こんなに便利なことってない！」と思いませんか？

講座にお越しになった生徒さんが、こんな興味深いお話をしてくれたことがあります。

ワンちゃん2頭の飼い主さんです。いろんなタイプのドッグスクールに通ってみたのですって。厳しくトレーニングする学校、ホメホメ作戦のトレーナーさん。いずれも思うようにいかなかったのですって。そんなときにアニマルコミュニケーションを知り、「話してわかり合えるなら、それが一番の平和的解決！」と、思ったのだそうです。ステキなひらめきですよね。

私は、トレーニングを否定する立場ではありません。私自身も、ジャジャウマだった愛犬には、厳しいほうのトレーニングをしていました。それで日常生活を難なく送れるようになった事実もあります。

けれど、ワンちゃんにも持って生まれて、変えられない気質があるのです。気質とトレーニング方法が合致すれば、「思うような成果が上がらない」と、訴える飼い主さんも減ります。そのコのしゃべり口調や思考のしかたなどから気質を見極めて、ピッタリな方法で教えてあげられると、ワンちゃんも飼い主さんもハッピーですね。

アニマルコミュニケーションに市民権が得られて、飼い主さんがそれを標準装備される時代がくるのが待ち遠しいです。互いの違いを知り、尊重することで調和するプロセスが学べると思いますから。そんな時代を先取りするマインドを、手に入れていきましょう。

言葉に癒やされることもあれば、傷つくこともあります。それは、ペットも同じです。あなたは、自分が使っている言葉を気にかけたことはありますか？　知らず知らず否定語を使っていませんか？　あなたが、そのコにかけている言葉を意識してみるといいですよ。

たとえば、「ダメ」という言葉です。

「ダメでしょ！」

「あぁ、またやっちゃった……。ダメじゃん！」

「ダメって言ったでしょ！」

ダメダメダメダメダメ……。**ダメ出しばかりされていると、ペットだって自己肯定感が低くなる**のです。

ママの要望に応えようとして、一生懸命に、そのコなりにがんばっているのです。だけど、ママは、なかなか喜んでくれません。喜ばないどころか、ため息交じりで浮かぬ顔をしています。そんなママを見ると悲しくなります。

「どうしたらいいのか、わからない……」

「ボクがどうすれば、ママは笑うの？」

そのコのお顔から笑顔がなくなっていきます。

「どうせボクなんて……。だって、またママは叱るでしょ？」

とぼとぼとクレートの中へ入っていく姿を見るのは心が痛いです。

あなたのペットは、本当はとっても優しいコなんです。だからこそ、ママの気持ちに寄り添いたいのです。それなのに、ママが望んでいることを、がんばっても理解できないの。だから、しかたなく叱られるだけ。繰り返される状況に、あきらめている様子。そのコの気質が理解されない。こんな状況は、やるせないです。

こんな人間界の構図をイメージしてみてください。ブラック企業のパワハラ上司の下で働く社員さん。上司は、部下の可能性にかけて、育てるために叱咤激励しているつもりです。それで俄然《がぜん》やる気が湧く人は、いいでしょう。けれど、罵倒《ばとう》されているように感じて、ペシャンコになる人だっているわけです。

ご家庭が、まるでブラック企業のようになりませんように。彼らは、ほかに行くところがありません。会社を無断欠勤するわけにも、辞めるわけにもいかないのです。猫さんなら夜逃げという手段もありますが、それでは、お互いに悲しい結末を迎えます。

ペットの自尊心を育みましょう。ペットには褒め言葉を使ってあげてください。良くも悪くも言葉のエネルギーは大きいです。褒めてあげられるように、上手に誘導してあげてください。褒め言葉が、どんどん口から出てくるように、トレーニングを工夫してみてください。するとお互いに心地よいですよね。ご家庭が楽園になります。

「ダメ」に続いて、「やっぱり」という言葉も使っていませんか？　こちらは、どちらかというと、心の中でつぶやいている言葉かもしれません。あるいは、ふと意表を突いて口から出る言葉かも。「やっぱりね……」と。

大切なうちのコに、「やっぱり……」と、がっかりしていませんか？　「やっぱり」は、前もってその状態を予測していたときに出る言葉です。「やっぱりそうだと思ってた」のように。ですから、そのコが、やっぱりそう行動したり、やっぱりその状態なのであれば、あなたの予想が的中したということです。

ママのご希望どおり！　ママが望む結果を、そのコは叶えてくれただけなのです。ですから叱らないであげてくださいね。そんなときは、自分が発する言葉を注意深く観察すると面白いですよ。思った以上に、「やっぱり」という言葉を使っていることに気づくかもしれないです。

そして、こんな飼い主さんの言葉にも、よく出会います。「〜〜しないで！」。

「吠えないで！」

「咬まないで！」

「引っ張らないで！」

「飛びつかないで！」

「上らないで！」

「かじらないで！」


う～～む……。ほかに何があるでしょうか？　毎日連発している方、わりと多いと思います。

残念ながら、これらの言葉は、飼い主さんの意に反して彼らに伝わります。「吠えないで！」は、「吠える」イメージが伝わります。「引っ張らないで！」は、引っ張っているイメージに変換されるわけです。「引っ張らないで」と、心の中でつぶやいてみてください。お散歩中にワンちゃんがリードを引っ張っているシーンが、脳内のスクリーンに映るでしょう？


私も過去に、しくじった経験があります。愛犬が大病になったとき、「死なないで！」と、口に出していました。あとになって言霊を知り、脳のしくみを知って、がく然としました。**「悪魔の呪文をかけていたんだ」**と大いに反省し、言葉に意識が向くようになりました。

またまた愛犬に教えられました。それ以降、いい言葉が見つけられないときは、「ありがとう」を代用するようにしています。愛犬との最期のときも、そうしました。

「こゆちゃん、ありがとね〜。マミィは、こゆちゃんが来てくれて、ほんとに助かったよ。救われたよ。ありがとね〜」

道具も何も必要ない。**言葉の力でペットが幸せを感じてくれる**なんて、こんな簡単で安上がりなことはありません。今一度、自分の言葉遣いをチェックしてみましょう。そして、言霊をうまく使いこなせるようになった頃、あなた自身も変わっていることでしょう。**言葉美人は、心美人。**そんなあなたに、ペットもうっとりです。

我がコにレッテルを貼っていないか？……貼られたとおりのコになる

小学生の頃、ヘビの赤ちゃんを見つけ、クラスのみんなで育てたそうです。「かわいい、かわいい」と声をかけ、なでなでして。すくすく育っていたある日のこと、そのヘビさんが、マムシだということが発覚！　その途端に、起きたことはなんだと思いますか？　大人しくなでられていたヘビさんが、凶暴化したのだそうです。

蛇は、全身がセンサーのような動物だと、私は感じています。きっと全身で、子どもたちからのエネルギーを受け取ったのでしょう。子どもたちが発する「毒ヘビ危険」の言葉や態度からは、そのコを警戒させるエネルギーがたっぷりと放出されていたに違いありません。山に返されたそのコは、きっとその後も人間の雰囲気を察知したら、警戒することでしょう。それはそれで、野生動物として生きていくために必要な行動だとは思いますが……。

人間から出る感情エネルギーが変わった途端に、ヘビさんの態度が変わるという事実。動物たちの素直さと察知能力の高さ、そして人間の感情が、動物に対してどれほど影響を及ぼすのか、その大きさを改めて思い知りました。

次は、逆に攻撃性が収まった事例を、ご紹介しましょう。私は、週に二回、メールマガジンを発行しています。「咬みつき犬」のレッテルを貼られたコのストーリーを書いたら、こんなご感想をいただきました。

「我が家に約1年前にやってきた飼育放棄で保護された子も、体に触るだけでお口が出ていました。緑内障とドライアイで数種類の目薬の点眼が必要だったけれど、点眼のたびにバトルが繰り返されていました。私の対処は、軍手の上にゴム手袋をして、噛《か》まれることを予防していました。

ほとんど視力がない中、知らない匂い、知らない人の手、知らない人の声、どんなにか怖かったことでしょう。噛まれるのを覚悟でハグをしまくり、スキンシップ、声がけを心がけてきました。しばらくすると、点眼のときの手袋はいらなくなり、やがて、自分からやってくるようになりました。それでもまだシャンプーのとき、手足を触るとお口が出ることが多かったです。

1年がたった今、シャンプーでも目薬でもお口は出ず、最後まで抵抗していた目ヤニを取ることでさえ、お口は出なくなりました。人間だって、まったく知らない場所や人には警戒するはずです。

スキンシップやコミュニケーションは、どんな生き物でも必要なことです。コミュニケーションが苦手な私に、しっかり見せつけてくれました。まだまだ私はオープンハートではないけれど、このコが見せてくれたコミュニケーションの大切さを、ありがたく受け取りたいと思いました。ありがとうございます」

温かいお便りです。まずは、このコに新しいおうちが見つかってよかった。本当によかったです。今度こそ、終《つい》の住みかとなることでしょう。そして、迎えてくださった新しい飼い主さま、そのご縁をつないだ人々の善意に感謝を申し上げます。

このお便りの、どこに温かさを感じたかって、飼い主さんの愛をあきらめない姿勢です。「このコは咬むから点眼できません！」。こう断言してしまったほうが、飼い主さんは、よほど楽に違いありません。咬むことを理由に、そのコにケアを施すことを拒絶するほうが簡単です。咬まないまでも、「いやがるから」という理由を使って、歯磨きなどの口内ケアをしない選択をする飼い主さんは多くいます。

それは果たして愛なのだろうか……？　疑問を感じるケースにも出会います。

それは、「我がコに嫌われたくない」というのが本心なのではなかろうか……。健康を保つことよりも、嫌われたくないという想いが勝っている状態なのでは？

そんな意地悪な想像をしてしまうことがあります。けれど、このワンちゃんの飼い主さんは、健康を保つことを大切にしながら、そのコとの信頼関係を築きました。

愛が根源、愛は最強。愛が、このコの「咬みつき」を克服させたのです。ワンちゃんが、新しい飼い主さんをママとして信頼したのです。みごとに愛が通じました。そのコの気持ちになって、そのコがどうすれば安心を感じてくれるのか、さぞかし工夫されたことでしょう。その甲斐あって、飼い主さんにも、コミュニケーションの大切さという、気づきと学びが訪れました。


この事例では、新しい飼い主さんが、「咬みつき犬」のレッテルを貼ったまま迎えてお世話を続けていたら、このコはずっと咬みつき犬のままだったと思われます。世の中には、**レッテルを貼られたまま、飼育放棄、遺棄、処分をされているコたち**がいます。もし、関わる人間たちが、そのレッテルをはがすことができたら、どれだけのコの気持ちが傷つかずに済むでしょう。命が救われることでしょう。

前の飼い主さんがどのような状況で、このコを手放すまでに至ったのか、このお便りからうかがい知ることはできません。けれど、きっとその方も、最期までこのコと暮らすつもりで、このコを迎えたのだろうと思います。やむを得ない事情により、手放すに至ったけれど、本当は最期まで手元に置くことを心の底では願っていたのではないでしょうか。人はそう簡単に彼らの愛を裏切らないと、私は信じたいのです。あのコたちが、最後まで人を信じるように。

あなたの家族関係は良好？……同居ペットたちのいざこざの原因

一緒に暮らす2頭のワンちゃんの仲がよくないのですって。仲良しで遊んでくれる姿が見たかったのに残念ですよね。

ワンちゃん2頭、それぞれに言い分があって、お互いに相容《あいい》れない状況なんだろうと思っていたのです。だから、私のお役目はそれぞれの言い分を聞いて、折り合いをつけるために交渉することかしら……。なんてことを予想していました。そのコたちと直接お話をするまでは。

ところが、最初にお兄チャン犬に尋ねたら「だって、パパとママが……」と口を濁すのです。

私が彼の言葉をうまく聞き取れないのかとも思いましたが、そうではなさそう。ゆっくりと時間をかけて、彼らのペースに合わせて尋ねました。「パパとママがどうした？　言いたいことだけ教えてくれればいいよ」。

初対面の人に、込み入った家庭の事情を話したくないこともあるだろうと思うのです。ワンちゃんといえども、さまざまです。天真爛漫《てんしんらんまん》であっけらかんとしたコもいれば、先読みができる思慮深いコもいます。私たちアニマルコミュニケーターは、そのコそのコの気質に合わせて対話を進めます。その対話の内容によっても、こちらの口調や質問の投げ方など、対応のしかたは変わります。人のカウンセリングと同じなのです。

さて、先ほどのワンちゃん。はっきりと言葉では聞き取れませんでしたが、どうやらパパとママの仲があまりよくなく、それがストレスのようでした。それが2頭のケンカの原因とお見受けしました。ワンちゃん同士の相性が合わないというのは、とんだ見立て違いでした。それぞれのワンちゃんの言い分は同じなのです。

「はぁ……そっかぁ……。パパとママがね……それはつらかったね……」。ため息まじりの私の声のトーンで、飼い主さんはお察しになりました。

「うち、夫婦仲が悪くて……」

「そうなんですね。どうやら、それが原因のようですよ」

こんな展開になると、アニマルコミュニケーションだけでは根本解決まで導けません。飼い主さん自身のカウンセリングが必要になります。その先は、飼い主さん次第です。**ペットの**

幸せの素は、飼い主さんの幸せです。

しかし、ワンちゃんの問題だと思って相談をしたにも関わらず、自分の問題に直面するのは、飼い主さんにとっては不意打ちを食らうようなものです。突然、目の前に大きな課題が降りてきても、受け止められなくて当然です。問題の根っこが深いほど、心の準備も必要。いったん、自分の中で受け止める時間を持っていただくのもいいと思います。けれど、ご夫婦の関係性にいよいよ取り組むタイミングが来たと、とらえていただきたいところです。

思わぬ出来事で頭が混乱しているときは、実は、問題解決のチャンスでもあります。時間をおくと、またこれまでのような日常に簡単に戻ってしまいますから。心がモヤモヤしているうちに、相性がピッタリな信頼できる心理カウンセラーさんに出会うといいですね。ご夫婦の問題は、ずっと起源をたどると、ご自身の生育期にたどり着くことが多いです。思い当たる方は、せっかくのこの機会を人生の転機としてください。ちょっとした時間とお金と労力を、自分にプレゼントしてあげてください。人生が輝き始めるでしょう。

これもペットから飼い主さんへのギフトです。夫婦仲が悪いご家庭で、一生懸命に仲を取りもつように行動をするコもいれば、このコたちのように、そのまま合わせ鏡として2頭の仲が悪いという形で見せてくれるケースもあります。

一家庭の幸せが、全世界の家庭の幸せに、そして、世界平和につながります。その一家庭の平和は、一人ひとりの平和から成り立ちます。雨降って地固まる、なのか、覆水盆に返らず、なのか、それはそれぞれ。ぜひ、自分が円満な気持ちでいられる方向へと舵取《かじと》りをしていただきたいと願います。いずれにしても、ワンちゃんたちから聞いたことをきっかけにして、よりよい人生へ転換していけるように意識を向けていただけたらうれしいです。

同じようなご家庭の状況下で、猫ちゃんが家出をしたケースをいくつかみてきました。猫ちゃんからのメッセージをしっかりと聞き入れ、生活を改めると我がコに誓った飼い主さんの元へは、猫ちゃんはご帰宅されます。その際に、私が飼い主さんへ強くお願いをすることが一点だけあります。

「このコとの約束を絶対に守ってください！」

そのコは、今、飼い主さんを信用してくれたのです。猫ちゃんが帰宅し、喜びも束の間、飼い主さんは願いが叶ったらもう、また元の状況に戻ってしまう。これは、契約不履行というものです。約束を破ってまた脱走されたら、脅すわけではありませんが、次は戻らないでしょう。

彼らの気持ちになってみてください。信じた人に裏切られる気持ちを想像してみてください。世の中には、そんな経験をしているコたちが、たくさんいます。新しい家族が見つかれば、それでいいのでしょうか……。生命が保証されれば、それでいいのでしょうか……。

「聞いたところで改善は難しい」とお答えになった飼い主さんの元への、猫ちゃんのご帰宅は叶いません。猫ちゃんと飼い主さんの間にいる私としては、なんとも悲しい気持ちにもなりますし、無力さを感じることもあります。けれど、これが現実です。

「だろうね、だと思ったよ」

考えを変えるつもりがない飼い主に見切りをつけるかのような、あのセリフが何年経っても、私の耳についています。


「ママには、あなたたちの想いは伝えたよ。教えてくれてありがとう。ここまでよくがんばってきたね。たいへんだったろうね。きっときっと、ママがあなたたちの想いをしっかりと受け止めてくれると思う。だからもう少しだけ、ママに時間をあげてちょうだいね」

今、あの2頭のワンちゃんたちは、どうしているだろうか……。サロンのあるビルの11階の窓から、よく空を眺めます。この同じ空の下で元気にしているのか……。あのコたちの心が快晴であることを願います。

ペットと飼い主の理想的な関係とは？……ともに支え合うバディとなる

「～～してあげなくちゃ！」というマインドが働いていると、飼い主さんがやってあげる側で、ペットはやってもらう側となります。上下関係ができ上がります。確かに、飼育するという観点では、そうなるでしょう。けれど、そのコとの関係性においては、別の視点を持ってもいいでしょう。

「か弱い存在」「守ってあげなくちゃ」「かわいそう」

あなたがもし、そのコのことをこんなふうに思っているのだとしても、本当にそのコは「かよわくて、かわいそうで、守ってあげなくちゃならない存在」なのでしょうか？

あなたの大切なおコさんは、数年でお空へと旅立っていくハムスターさんかもしれません。人間の私たちから見れば、「たった2～3年の命。手のひらに乗る小ささ。落としてしまったら大けがをする」そんな小さな命ともとらえられるでしょう。けれど、彼らは、ハムスターとして生きろうとしています。ハムスターという洋服を選んで生まれて来た魂です。ハムスターを生きるのであって、決して人間として生きようとはしていませんよね？　**等身大を生きる**のです。体の大きさや寿命の長さで、上下関係が決まるわけではありません。意外としっかりしたハムスターさんもいますよ。

「ちょっとアナタ！　早くこっちに来なさいよ！」と、飼い主さんの袖を咬んで引っ張って、自分のケージの中へお誘いするコに出会ったことがあります。ドーム状に作った巣の中は温かいそうで、そこへご招待してくれるというのです。

そのコにすれば、飼い主さんと対等なのですよね。ちなみにそのコは、巣作り名人だそうです。ぜひともステキなお宅へお邪魔したいところですが、残念ながら、あまりにもサイズが違いすぎますね。そんなときはアニマルコミュニケーションを使って、意識でお宅訪問することはできますよ。そのコと巣作り談議をしても楽しいですよね。

精神的にそれぞれが自立していて、そのうえで支え合う関係を目指しましょう。**互いの役割を担いながら、気持ちのうえでは対等に関わり合う**のです。これを**バディの関係**と呼んでいます。お互いさまの関係です。

「どっちがお世話されているんだか……?」うれしそうにお話しする飼い主さん。にっこりされるその目の奥には、そのコとの深い信頼関係を感じます。こういったペアに出会うと、私の心も平穏になります。幸せの連鎖ですね。

あらゆる手を尽くしても、そのお困りごとに、いっこうに改善の兆しが見られないとき、その**お困りごとの発生源が、あなたの中にないか**探ってみる。こんな解決のしかたがあってもいいと思います。ほんの少しの手間を自分にかけてみる。**自分にも愛を向けてみてください。**それが、あなたの大切なおコさんの喜びになるのだから……。

PART 3

奇跡!? ペットの体調不良が止まる飼い主の習慣

飼い主のために病気でいてくれるコたち
……「治っちゃダメなの……」

病気でいることが、そのコのお役目なのです。なぜなら、飼い主さんは看病することが趣味だから。

あなたは、こんな衝撃的な事実を受け入れられますか？

今、あなたの大切なおコさんが、病気で苦しんでいるのであれば、このページを閉じてしまいたくなるかもしれません。愛犬が病気でいる必要があったことに気づいたら、病院通いから解放された。そんな、私自身の体験をお話ししましょう。

私の愛犬、小雪は、1歳でアトピー性皮膚炎を発症したのを皮切りに、たくさんの病気をしました。中でも一番てこずったのは、神経症状です。下あごの震え、敷物がぐっしょり濡れるほどのヨダレ、眼球が左右に大きく揺れる眼振、首が意志とは関係なく傾いたままになる斜頸《しゃけい》、グルグルと輪を描いて魂が抜けたように目的なく歩いたり、歩くことさえできなくなったりしたことも。前庭疾患という病気の慢性的な症状に悩まされていました。

私の心の拠《よ》り所《どころ》。自分の命よりも大切な存在。

楽にしてやりたい。どうしたらよくなるんだろうか……。

いつしか一日の大半を、愛犬の病気のことばかりを考えるようになっていました。

病院へ通い、獣医さんのアドバイスを受け、自宅でもキッチリと投薬をするなど、言われたとおりのケアをしました。次に病院へ行ったときに、自宅での様子を正確に、こと細かく先生へ報告できるように努めました。

病院では、わからないこと、知りたいことを、理解できるまで先生に教えてもらいました。

そして、私の意向も伝え、治療方針を一緒に立てていくようなやり方をしていただきました。

薬一つを決めるのも、効能や投薬方法は当然のことながら、起こり得る副作用は？　最小限の服用量は？　服用をできる限り短期間にするには？　漢方薬で代用できる可能性は？　今思うと、素人が知ったかぶりのエラそうな質問をしていたと思います。心優しい先生でしたから、丁寧にお答えくださり、寄り添ってくださっていたのでしょうね。

こんな病院通いが何年も続いた、あるとき。ふと、将来のことを思ったのです。

いつまで続くんだろう……？

「私は、なんのために、病院へ行くの？」

自分に問いかけてみました。もちろん、小雪の病気を治したいから。だけど、それだけでは、まだ私の心が、ざわつきました。まだ何かある……。

その裏に、たくさんの想いが埋もれている感じがしました。

「先生とのお話が楽しい！」

「先生に話を聞いてもらいたい！」

「先生やスタッフさんに、スゴイですね！　さすがですね！　よくがんばっていますね！って言われると、誇らしい気持ちになる」

私の本心が、そう答えました。

どれもこれも、認めてもらいたい私が、そこにいたのでした。自分にガッカリしました。小雪を救いたくて病院へ通っていたのに、結局、救われたかったのは、私自身。承認欲求でコーティングされた、私と対面しました。これが、あの心のざわつきの正体でした。

そうなると、私の心の平穏を保つための形を変える必要があります。内にこもって、「ダメな私」を育んでいる時間はありません。目の前に病気の愛犬がいるわけですから。

このコを治す。

このコを楽にする。

このコを幸せにする。

目的へ向かうための自分軸を取り戻し、気を取り直して、建設的な思考へとスイッチしようと決めました。病院へお電話しました。

「予約をキャンセルさせてもらえますか?」

とても事務的な一言を告げ、電話を切りました。余計なことを話すと感情に引っ張られて、この依存状態を断ち切れないと思ったからです。あれだけ親身になってくださった先生とスタッフさんたち。とても失礼なことだと思いましたが、そのときの私にはそれが精一杯でした。

ぽっかりと心の空き地ができました。その空き地に「コーポ・ダメナ私」という名の小さなアパートでも建てて、こもりたくなりました。

「優等生になりたくて、がんばっていたんだ」

そんな自分が、いたたまれなくなったからです。裏を返せば、自分に劣等生のレッテルを貼っているということ。小雪が病気でいる必要が、私にはあったのです。

自分の命より大切に思っている小雪を、劣等感を埋めるための道具として利用していた。

小雪が病気でなければ、この心の方程式は成立しません。現実に直面しました。小雪を救うのではなく、まずは自分を救わなくては……。

この出来事以前を思い返してみました。小雪が小さい頃に通っていたしつけ教室でも、キッチリ！　キッチリ！　トレーナーさんの言いつけを守っていました。今に始まったことではなかったのです。

「あの教室に通っていたときのことを思い出すと、一番先に思い浮かぶのは、小雪ちゃん。足元にも及ばないほど優秀なペアだったから」

当時、同級生だったコの飼い主さんにも、そのような記憶があるようです。

返す言葉もありません。そうなのです。優秀な飼い主でありたかったのです。しつけ教室でも、病院でも。小雪と一緒に出かける先で出会う人たちに、優秀な飼い主と思われたかったんだ……。

言われたことをキッチリと型どおりにこなすことは、新しいことを学ぶときにとても役立ちます。けれど、その目的は、小雪の状態を改善するためであって、私の優秀さをアピールして、認めてもらうためではありません。

私の心の奥に潜む一つのあり方に決着をつけたら、すっかりお薬いらずになりました。小雪の症状は、薬を飲んでも飲まなくても、何も変わらないことに気づけたからです。

お薬は感情で飲むものではないのですよね。あれだけ投薬に対して神経質であったにも関わらず、そもそもの根底がぶれていました。投薬の安心と中止の不安。飼い主の心理を投影するペットにとって、**薬以上に体調に影響を与えているのが、飼い主の感情。**

小雪は、私のところへやって来て、たくさんの気づきと学びを与えてくれました。その一つが、「ペットと飼い主は合わせ鏡」ということ。私の人生に現れ、自らワークショップを開催してくれたようなものです。先生兼、練習相手。厳しくもある、愛のマンツーマンレッスンでした。

治そうとすればするほど治らない……キッチリしすぎてないですか？

前のお話で、私が小雪の病気を治したいあまり、結局は、こじらせてしまったストーリーをお伝えしました。そこでもう、あなたはお気づきになったかもしれません。キッチリしすぎていても、うまくいかないということを。過ぎたるはなお及ばざるがごとし。これはペットの問題の解消に取り組むときにもいえることです。

私の苦い経験からの気づきと学び。小雪を救うために仕入れた知識。それらを、小雪の体調管理という現場で実践しました。パピーの頃から不具合がいっぱいあった小雪でしたが、地上を卒業したのは15歳4か月のときでした。比較的短命と言われるフレンチブルドッグ。けれど、上手に体をまっとうさせてあげることも可能だと痛感したのでした。

その15年の歳月で、小雪とともに編み出した知恵を使って、ペットの体調の相談に乗ることもあります。飼い主さんとして、おうちでできることを一緒に考えていきます。逆にいえば、それは、飼い主さんにしかできない毎日のケアでもあります。

すると、私とソックリな方がいるのです。私と、クライアントである飼い主さんも、合わせ鏡なのですね。

「りこさん、うちのコ、ほかに自宅でできることはないでしょうか?」

「何か、私が見落としていることがあるんじゃないでしょうか?」

「もうこれ以上、何をやったらよくなるんでしょう?」

何とかしてやりたい……。飼い主さんたちの声は悲痛です。楽にしてやりたい想いと、飼い主さん側に落ち度があったらたいへんという想いが、ひしひしと伝わってきます。

キッチリ真面目な飼い主さんに、もう一つ共通するのが、とても勉強熱心なところです。物事をすごく真剣にとらえて、一生懸命に勉強されます。向上心もすごくあります。だからこそ、もっとできることはないのかと、模索されるのです。

そんな飼い主さんの一生懸命さに、つい、ほかにできることをアドバイスしたくなります。

けれど、そんなときに**一番必要なのは、息抜きできる空間と時間、そして、温かい一杯のお茶**なのかもしれません。

こんなときは、ひと息入れましょう。肩の力を抜きましょう。頭の中は、今後起こり得る、いろいろなパターンを考えに考え、思考の棚はもういっぱい。余裕がなくなっていることでしょう。本棚がグチャグチャになっている状態です。一度、その棚を整理しましょう。

今、行っていることは何がありますか？　紙に書き出して、リストにしてみましょう。その中で、自宅で飼い主さんがやるべきことと、病院で獣医さんにやっていただくことを分けます。

それぞれに対して、「もっとできること」をつけ加えていきます。「もっとできること」は、**理想を追うのではなく、あなたの現在のライフスタイルに合わせて考えましょう。背伸びをし過ぎないことです。真面目で向学心が強い飼い主さんほど、一気に高いハードルを飛ぼうと必死になりやすい**のです。もし、他人の意見など、思い浮かぶことがあれば、それは別にメモをしておきましょう、付箋紙を使うと便利ですね。

たくさん出てきた項目のうち、継続すること、中止すること、取り入れることを、現在のペットの状態に対して、吟味しましょう。この時点で、気づくと思います。もう十分にやってきているることを。

一生懸命なあまり、こんなことをいう飼い主さんもいます。「うちのコに効いてるんだかどうか、よくわからないまま使っていたサプリメントがいっぱいありました」

そのサプリメントの山は、そのコにたくさんの愛情を注いできた証ですね。もう十分にやってきている自分を、認めてあげてください。

あなたは、すごくがんばってきたんですって！　一生懸命なあまり、ちょっとがんばり過ぎちゃったのかも。温かい飲み物を、ひと口どうぞ。そして、**ゆったりと深く呼吸をしてみてください。ふう〜っと息を吐きながら、全身の力を抜いてみましょう。両腕をクロスして、両肩を抱いて、自分をねぎらってあげてください。「ここまでよくがんばったね」って。**

もしかして、あなたががんばってきたのは、ペットに対してだけじゃないかもしれませんね。あなたはこれまで、ずっと「がんばって」生きてきたのかも。学校でも、職場でも、そして、ご家庭でも。いつも全力でやってきたのではないですか？　ここらでひと息つきましょうよ。あなたのおコさんは、それを伝えるためにやって来てくれたのかもしれませんよ。「ママ、もうそんなにがんばらなくてもいいよ」って。

そういえば、こんなワンちゃんがいましたよ。一生懸命なママさんを尻目に、お気楽なコでした。体の状態は、決してよいわけではありませんでしたが、全然気にしていないのです。「オレ、べつに、へいき!」こんな声を聞いた飼い主さんは、思わず笑っていました。拍子抜けされたのでしょうね。がんばり過ぎていることを、我がコに気づかされていたようでした。

またこんな猫さんもいました。慢性の症状が、ちっともよくなりませんでした。ご家庭で行う必要があるケアは、しっかりとできていました。それなのに……。そこで、飼い主さんが、私のカウンセリングを受けられました。猫さんの体調不良が、飼い主さんへどんなメッセージを投げかけているのだろうか……?飼い主さんご自身の心のあり方をみていきました。

するとご自身で気づかれたことは、物事に「正しい」か「間違い」かの、審判を下しやすい、というものでした。白なのか黒なのか、きっちりはっきり決着をつけたくなるのです。ですから、猫さんへのケアも、時間をかけてキッチリ真面目にされるのです。おうちでの様子を聞いている私が、息切れしそうでした。

「もう少し心の余裕をもって、リラックスして笑顔でケアしてあげましょう。ここまでしっかりできているのですから、歯磨きが1回抜けても大丈夫ですよ~。それよりママの心がニッコリしているほうが、このコの体もニッコリすると思いますよ」

カウンセリング後、飼い主さんが私のアドバイスを参考にしてくださったところ、病院での検査でよい兆しが表れたとのこと。

あなたがリラックスできると、ペットもリラックスできます。リラックスした状態が、そのコの体の修復にとって一番必要な状態です。森やジャングルなどの自然に暮らす野生動物と違い、彼らが暮らしているのは人間の家庭です。人間そのものも、彼らにとっては居住環境なのです。あなたが、我がコのパワースポットになってください。それが何よりものサプリメントです。

治そう、治そうとがんばりすぎるのも、ペットの緊張を招きます。彼らの自然治癒力を最大限に引き出すために、逆効果なこともあるのです。無頓着なのも、がんばり過ぎるのも、結果として、そう変わりはありません。何ごとも、ほどよく。

大丈夫。大丈夫。あなたの想いは、そのコに十分に伝わっていますから。きっと、大丈夫。そのコのママであることに、自信を持ってくださいね。

治るはずのない病気……獣医さんの首をひねらせた糖尿病の老猫さん

高齢猫さんの糖尿病がピタッと治まった、世にも不思議なストーリーをお話ししましょう。

あいのすけクン、16歳。糖尿病を患い、飼い主さんが、1日2回のインスリン投与をしていました。13歳から14歳までの1年間だけ。もう今はしていません。どうやってインスリンのお注射とサヨナラできたのでしょう?

あるとき、あいのすけクンのママが、アニマルコミュニケーションを習得するための講座を受けました。講座の最後で、どうやら、私がこんなことを口走ったようなのです。

「糖尿病? カンタンよ」

そんな無責任な言葉を発した当の本人は、からっきし覚えていません。獣医師でもなんでもないのに、そんな軽々しく病気のことを語ってはいけないルールです。それなのに、その後、とうとう心と体の関係性を説明したらしいです。

それを聞いて、「糖尿病が治る！」。ママさんは、そう確信したそうです。これまで、あいのすけクンの糖尿病は、治らないという前提のもとに看護をしてこられましたから、それはママさんにとっては、朗報だったに違いありません。

当時を振り返って、ママさんはこんなことをお話ししてくれました。「治そうなんて、これっぽっちも思ってなかったんです。生涯、糖尿病で、インスリン注射を打ち続けるものだと思っていましたから。こんな毎日が最期まで続くんだと思っていました。治ると知ってビックリしました」

そして、続く私の言葉も記憶してくださっていました。「糖って甘いでしょ？ 甘いは愛でしょ？」。それを聞いたママさんは、「愛情不足が問題なんだ！」と、とっさに思ったそうです。けれどその後、冷静に振り返ってみると、矛盾に気づかれました。「これまで何代にも渡って飼ってきた猫たちに、分け隔てなく愛情は注いできたつもり。なのに、なぜ、このコだけが糖尿病にかかるのだろう？」

そこで勘のいいママさんは、気づいたそうです。「これこそが、飼い主の鏡なんだ！」と。

私は、「ペットと飼い主は、合わせ鏡の関係である」と、ずっと説き続けています。このことが頭をよぎったのだそうです。

あいのすけクンとママさんは、どのような鏡の関係なのでしょう？　まず、愛情不足なのは、あいのすけクンではなく、ご自身であることに気づかれたそうです。

その頃、家庭での家族関係はギクシャクしていたそうです。夫婦と成人されたお嬢さんお二人、猫さん1匹の、家族構成です。特に、旦那さまと上のお嬢さんへは、「トゲトゲしていた」と、関係性を振り返っています。

「私のことをわかって！　認めてよ！」いつも、そう心の中で叫びながら、口を閉ざしてダンマリを決めていたそうです。愛情不足の源は、そこにあると気づかれました。欲しかったのは、家族の愛情だった。

そこで、ママさんはまず、行動パターンを変えることを決めました。なぜなら、19歳の先代猫さんを呼吸不全で亡くしたばかりで、気持ちは悲しみのどん底。だからこそ、あいのすけクンは、自分の納得できる形で、お空へお還ししたいと強く願ったのです。

タイミングよく「ペットの健康のための手作りゴハン講座」に足を運びました。一緒に受講した方々は、すでに「手作りゴハン派」でした。「猫さんに手作り食って、どうなんだろ？糖尿病のコに手作りゴハンは、大丈夫なのか？」そんな疑問や不安は、知識を仕入れることで解消することも多いものです。ママさんも、すぐに、あいのすけクンのゴハンを手作り食へと切り替えられました。またフードへと安易に戻らないように、フードはすべて処分されたそうです。徹底される方なのですね。

急に大きく行動を変えると、必ずといっていいほど、どこかで揺り戻しがやってきます。こちらの飼い主さんの場合は、上のお嬢さんとのバトルだったそうです。お嬢さんは動物看護士さん。家族の誰よりも動物の健康について詳しいはずです。これまではお嬢さんが学んできた、勤務先でも主軸である西洋医学での治療により、あいのすけクンを看てきました。ですから、お嬢さんの言い分が、「もっと悪くなったらどうするの!?」となるのは当然のことです。けれども、「私がここでいつものように引き下がったら、また元の木阿弥《もくあみ》」と、抵抗したそうです。これまで黙っていたことを口にしてみることにしました。

「今までの中で、一番激しい言い合いだったと思います。けれど、そこでも気づいたんです。娘と私の価値観は違うけれど、猫を想う気持ちには変わりがないって」

結局、このバトルは、ママが手作り食を続けることで決着しました。猫さんのゴハンを変えることは、すんなりいかないことも多いものです。けれど、あいのすけクンは、手作りゴハンを受け入れてくれました。これも、のちに思ったことですが、フードバトルからのゴハンの切り替えも、あいのすけクンの作戦どおりだったのではないかな……？

いったん、険悪ムードになったお嬢さんとも、今では、以前よりも会話が増え、ずっとわかり合える仲になったそうです。もちろん、言いたいことを伝えるように心がけた旦那さまとの仲も、トゲトゲを解消されたそうです。愛情不足を解消されたのですね。「雨降って地固まる」です。あのとき、雨を避けて、またダンマリを決め込んでいたら、地面が固まることはなかったでしょう。天は、こうして本気度を試してくるのですよね。お試しごとに真っ向から向き合って正解でしたね。

さて、あいのすけクンの糖尿病ですが、こんな出来事を境に、数値がどんどん下がっていったそうです。1年間インスリン投与を続けていた14歳のオス猫さん。3か月で獣医さんも「摩訶不思議なことが起きた」と首をひねるほどの快復をみせたそう。その後、「完治としていいでしょう」とのお墨つきをいただきました。

獣医さんには、「何をしたのですか?」と尋ねられたそうです。けれど、まさか、「自分の心のあり方を見つめ直したら、治りました」とも言えず、「手作り食をがんばりました」とだけお伝えしたそうです。「それでいいですよね?」と、私にそう尋ねたお顔は、愛情に満たされた余裕のある表情に見えました。

獣医さんが、そのコに治る可能性をみていなければ、飼い主さんは、それに従うことになりがちです。ですから、飼い主さんは「治らない」と思い込んでしまいます。けれど、こうして例外ができました。

治そうとも思っていなかった猫さんの糖尿病がピタっと治まるだけでなく、ママさんの人生を変え、ご家族の平和を取り戻したというお話。あいのすけクンの術中に、まんまとはまっているように思えてならないのは、私だけでしょうか? 私、猫さんに使われちゃったのかしらん?? もしかしたら、お空組のコたちも総出で、家族のピンチを乗り切るために手を貸してくれていたのかもしれませんね。

「あいのすけって、『愛の助』だと思いました。りこさん、名前にも意味があるっておっしゃってたから」。そうですね。**ご家族の愛を取り戻すための助っ人が、天からやって来てくれたの**でしょうね。

タヌキさんの自傷行為は飼い主さんへのサインでした……「イヌになりたいタヌキさんの物語」

「脚、かじっちゃダメよ！」

「あぁ、今度は、しっぽまで！」

「ケガがひどくなるのに、どうしてかじっちゃうの⁉」

これが、自傷行為を繰り返すぽんちゃんと飼い主さんの日々の会話。ケガを治してあげたい飼い主さんと、それを横目に、脚と尻尾をかじり続けるぽんちゃんとの攻防戦です。

そんなぽんちゃんの自傷行為が収まり、平和が訪れたストーリーをお話ししましょう。

ぽんちゃんは、タヌキさん。おうちは動物病院です。元入院患者さんで、今は居候《いそうろう》さん。交通事故で脚をケガしているのを発見され、運ばれてきました。

懸命に治療をしたものの、後ろ脚は元どおりにはなりませんでした。不自由な体では、山に帰すこともできません。やむを得ず、そのまま病院でお世話をすることになったそうです。その病院にお勤めの動物看護師さんが、今回のご相談者です。ぽんちゃんのお世話係を5年も引き受けているそうです。もう飼い主さんのようなものですね。

こんなぽんちゃんのバックグラウンドを知って不憫《ふびん》に思ったのは、私だけではないでしょう。さぞかし、お山へ帰りたかろうに……。気の毒なぽんちゃんを想い、飼い主さんがアニマルコミュニケーションを依頼したのでした。

「ぽんが、ケガをした脚や尻尾を、自分でかじってしまうのは、人間のそばにいるストレスではないでしょうか？」

私の胸に、すっと入ってきたぽんちゃんの想い。それは、「もう山には未練はない」というものでした。びっくりしました。

「山で生まれたタヌキは、山で生活をするのが幸せに違いない！」

そう信じていたからです。山に未練がないどころか、動物病院へやって来るワンちゃんに興味しんしんの様子です。ワンちゃんとその飼い主さんのやり取りに、特に興味があるようでした。ワンちゃんの様子をじっと眺めて観察しています。

いったいどういうことなのでしょう？　ぽんちゃんに尋ねてみました。

「ぽんちゃん、ぽんちゃん、お山へ帰らなくて、平気なの？　アナタの家族は、お山にいるんじゃないのかな？」

私の問いかけなんて、耳も貸さない！　そんな感じがしました。なぜなら、ぽんちゃんが私に見せてくれる映像に、お山の風景はワンシーンも出てこないからです。そこに映るのは、ワンちゃんと飼い主さんが触れ合うシーンばかり。ぽんちゃんの意識は、お山からすっかり遠のいているのを感じました。

「あらま～　聞いちゃいないのね！」

ぽんちゃんの心は、踊っています。ワクワクしています。そんな野生らしからぬ、ぽんちゃんを感じ、微笑ましくなりました。

「ぽんが、今の生活を望んでいるならよかった」。そう飼い主さんは納得されました。ぽんちゃんは、この5年で、すっかりペットと化してしまったようです。

どうやら、ぽんちゃんは、次はイヌに生まれ変わるためにお勉強中のご様子。そして驚いたことに、山へ帰されることなく、ずっと動物病院へ置いてもらえるよう、自ら脚や尻尾をかじってしまっていたのでした。

なんてことでしょう！　ぽんちゃんの作戦勝ちですね！

「これからもどんどんいろんなこと学んでほしいです。5か月くらいケージ生活だったけれど、抱っこできるようになって、お部屋へ出られるようになってからは、どんどんいろいろなことを覚えました。

ぽんがここにいて幸せなら、いればいいです。それがぽんの運命なら。ぽんが、自分で選んだことなのであれば……」

飼い主さんがぽんちゃんの気持ちを知り、ぽんちゃんが決めたことを、飼い主さん自身も受け入れようと決めたのでした。そして、このアニマルコミュニケーションの結果、飼い主さんの日々の会話が、ダメ出しばかりであることにも気づかれました。

「私自身、いろんなことにバツをつけていたのですよね。人と比べてばかりで。そんな私のところにぽんが来てくれました。今の私が最善であること。そして、それがステキな個性であること。そのまんまで十分なことを教えてくれました。おかげで、そのまんまのぽん、そのまんまの私を受け入れられるようになりました。そうしたら、ぽん、最近かじってないんです！」

ぽんちゃんの自傷行為が収まりました。ぽんちゃんの、**自分で自分を傷つける行為は、**

飼い主さんが知らず知らずのうちに、自分自身を否定している行為を映し出してくれていたのですね。ぽんちゃんが来てくれたおかげで、飼い主さんはそのことに気づかれました。

「ペットと飼い主は合わせ鏡」

知識として習ったことを、ぽんちゃんが体現してくれたのです。

「今までフリースを敷いても、あっという間に穴だらけにしていたのに、ここ最近は全然穴も開けないし、足もかじらなくなりました。穴ぼこだらけのフリースを記念に取っておけばよかったと思うくらいです。なんだか懐かしいです」

ぽんちゃんの意向を知ってからは、ぽんちゃんはわがままを言えるようになって、甘えたり、ケンカしたり、ヤキモチも焼いたりして、どんどん感情を豊かに出してくれるようになったそうです。

「ぽんは、自分自身のためにもだけれど、私のためにそばに来てくれたんですね。私のところに来て愛を学んでくれて、今度は愛を届けられる子になってきている気がします。

怖くてしかたなかった人間を信頼してくれるようになるには、きっとぽんも、すごい勇気が必要だったと思います。私がその最初の人間になれたのは、すごく幸せな役目をもらえたなぁって思います。感謝でいっぱいです。これから私も、もっともっと生きやすくなって、ちゃんと私の人生を生きられると思います」

ぽんちゃんが病院の住人になって6年目。陽だまりを味わいながら、穏やかに晩年のときを過ごしています。食も細くなり、お別れのときも、そう遠くない将来に訪れようとしています。「自分の運命を受け入れて、私のパートナーになってくれたぽん。いつもいつも、ありがとう。ぽんは自分で選んできたから、きっと旅立つときも、自分のタイミングで逝くんだろうな。最近1日1食だけど、それで足りているんだろうし、無理に食べさせず、好きなように生きてね！って思います。前の私なら、食べさせなきゃ！って、右往左往していたと思うけど、食べたくないなら無理に食べなくてもいいや〜って。なんだか見守る余裕があるって幸せですよね。まぁいっか〜。そのうち食べるよねって。

ぽんは意志がしっかりしているから、自分で決めているんだろうな。そこに私が入る余地はない気がして。そう考えられるようになったのは、すごい進歩！　私たちすごいですね。一緒に過ごせる毎日を、感謝をしながら過ごしたいと思います」

次は、タヌキさんからワンコへの衣替えにトライですね。飼い主さんに、**自分らしく生きること**を全身で教えてくれたぽんちゃん。偉大なタヌキさんです。

「ポメラニアンにならすぐになれそう！　ぽんには次のお楽しみも待ってるから、いつかその日が来たとしても、行ってらっしゃい！って、楽しんでおいでね！って、胸を張って送り出せるような気がします。まだまだそばにいてくれる間は、たくさん、たくさんいろんなことを経験してもらおうと思います。一日一日、今を大切に、私も成長させてもらいながら過ごしたいと思います」

長期連休はペットの繁忙期……連休明けに体調を崩すコたち

「連休が明けると病院が混むんですよ〜」

こんなことを教えてくださった、獣医さんと動物看護士さんがいました。長期連休が明けると、体調を崩すコが増えるのだそうです。

「えっ!? なんで？ お出かけして遊び疲れ??」

どうやらそれだけではないようです。

普段、飼い主さんがお仕事などで外出し、お留守番が習慣化しているペットにとって、連休中は人間家族が家にいて、ひとりになれる時間がなくなります。つまり、休憩時間がなくなることになります。ゴールデンウィーク、お盆、お正月休み。飼い主さんの休暇は、長いと10日間に及ぶことも。するとペットは、24時間×10日間の労働になります。どう見積もっても、オーバーワークです。

人間の生活に密着する環境を選んだペットたち。そのコは、あなたのお役に立ちたくて、自らあなたを選んでやって来てくれたコです。**動物の姿はしていますが、獣になりきれない立場であることを理解してやってください。**そこが、自然動物と最も異なる点なのです。

夜行性の動物と暮らしている方は、飼育にとても気遣いをされるだろうと思います。

「ハリネズミを飼ったことがあるのですが、ペットではなかったです。夜、こっそりとのぞいて観察するものでしたね」

こんなお話をしてくださった方がいました。そういう接し方が、本来なのだろうと思いました。そういった意味では、ワンちゃんが飼い主さんにつき合って、照明が夜遅くまで明るいお部屋にいるのも、超過労働と思われます。

私も、小雪との暮らしで最後まで習慣を変えられなかったのは、お陽さまが沈むとともに、暗がりの環境にしてやるということでした。小鳥と一緒に暮らしていた頃は、鳥カゴに布をかぶせてあげられたのですが、家中フリーにして同居していた小雪の昼夜の灯りをコントロールしてやることは、最期までできずじまいでした。

昔のように庭先につながれて、土の上で暮らしていたワンちゃんは、そういった面では、自然とともに生活ができていたのでしょうね。お陽さまのリズムで寝起きし、調子が悪ければ土にお腹をくっつけて浄化できる。その環境も動物としては決して悪いものではなかったと思います。

こんな猫さんがいました。飼い主さんの氣のチェックができる猫さんです。飼い主さんの心理状態まで細やかに把握できてしまう繊細さんです。ですから、飼い主さんのネガティブなエネルギーもかぶってしまいます。けれど、このコはそれを上手に解放していました。自然の中で浄化するために、お外へお出かけになるのです。飼い主さんいわく、自然界で氣のお洗濯をしているそう。こうしてうまく自己管理できるといいのですけれどね。現代の猫さんは、完全室内住まいのコが多くなりました。外の危険で不衛生な環境からは、身を守られています。だからといって、室内が完璧な環境かと問われれば、どうやらそれもまたＮＯ！のようです。お出掛け派と室内派。それぞれに利点と欠点があることに気づきますね。

飼い主さんが連休に入り、ソファでくつろいでいたら、ピッタリ体を寄り添わせてきた。こんなシーンがあったとしましょう。多くの飼い主さんは、こんなふうに思うでしょう。

「甘えてきてかわいい。いつも一緒にいられないからね。お留守番させちゃって、ごめんね。

さびしかったよね。このお休み中はずっと一緒にいようね！」

もうかわいさ倍増ですよね。あなたも、こんな状況に心当たりがあるのでは？

我がコにメロメロになる、そんな極上のワンシーンではありますが、ピッタリと寄り添って、いたなら、なおさらです。

飼い主さんのネガティブエネルギーを吸着してくれていることもあります。一緒に寝て

連休前までに溜めていた飼い主さんのストレスは、お休みに入って一気に放出されることもあります。ペットと一緒にいるとリラックスできて、心も体もゆるゆると緩んで、ネガティブエネルギーが、より解放されていきます。それをわざわざ食べてくれるコがいるのです。

普段は、留守中にそれを自浄できるのですけれど、ひとりになる時間がない場合は、浄化が追いつかないのです。溜まっちゃって、体に出ちゃうのです。お腹を壊したり、血尿を出したり、これまでの症状が悪化したり。獣医さんに「ストレスですね」と言われたら、「あっ！もしかして……」とストレスの源を探る参考になればと思います。

こんな観点からも、お留守番が必ずしも気の毒ではない、かわいそうだとは断言できないということも知っておいていただきたいと思います。ずっと一緒にいられる長期連休だからこ

そ、**そのコがリラックスできる時間と空間を提供していただきたいのです。**せっかくのお休みが、ペットにも飼い主さんにも、心底楽しい時間となることを願っています。そのためにペットの身になって、ゆとりあるスケジュールを立てていただけたらと思います。

決して、ペットを擬人化しすぎることなく、その**動物としての生態を踏まえて、お休み中の過ごし方を工夫してあげましょう。**繊細さんなのか、大らかなコなのか、**そのコの気質を理解して関わり方を工夫しましょう。**そんなあなたの小さな気遣いが、転ばぬ先の杖となります。

長期連休が互いにとって、とっておきの豊かな時間となりますように……。

ピンチをチャンスに変える魔法の言葉……我がコを病気から救うためにも、お別れを豊かな時間にするためにも

私がやらかしちゃったお話はしましたね。小雪が、もうダメかもしれないと思ったときのことです。「こゆちゃん、絶対に死なないで！　マミィを置いて逝かないで！」。死にかけているコに、こんな重苦しい言葉をかぶせていました。

当時は、何も知らなかったのです。心のしくみ、脳のしくみ、潜在意識の存在、魂の存在、波動の法則も、なんにも知らなかった。ただただ病気で死にそうなコを救うのに必至でした。まさか、**言葉に魂が宿っている**なんてね！　ビックリです。

こんな失敗があったからこそ、今、こうしてお話しできることがあります。転んでも何かをつかんで起き上がれば、それはもう失敗ではありませんね。ですからもし、私と同じくやらかしちゃった方は、これを機に改めれば大丈夫ですよ。未来への糧に変わります。一緒にピンチ

をチャンスに変えていきましょう。

ペットたちは、飼い主さんのことが大好きだからこそ、**飼い主さんの想いが重いときがある**のです。どのコもみんな優しいから、一生懸命に飼い主さんの言葉を受け入れて、それに応えようとします。だけどね、ちょっと考えてみてください。逆の立場になれば、重いですよね。眠いときに揺り起こされるのって、「勘弁してよ！」って思うでしょう？

こういったピンチのときに出る言葉は、そうそう変えられるものではありません。普段からペットへの言葉がけの練習をしておかれるといいですよ。あなたの思考のクセや、あなたの内から湧く感情が、ペットへ影響することも、すでにお伝えしました。**言葉に乗るエネルギーも、ペットへ影響する**のです。

「死なないで！」と、言葉を発している飼い主さんの頭の中のスクリーンには、実は、死んだ我がコが映し出されています。これは脳のしくみですから、あなたが悪いわけでもなんでもありません。脳は否定形を理解できません。ですから、「死なない」は、「死ぬ」と解釈されるのです。思考が現実になるという法則から、「死ぬ」と思考すれば、「死ぬ」という現実が現れるというしくみです。

あたりまえといえば、あたりまえ。とってもシンプルで当然のことなのに、私もこの言葉の罠《わな》に、まんまと引っかかりました。獣医さんにサジを投げられ、真っ暗闇の絶望を味わいました。でもね、そのときに、私の思考が大転換するようなことが起きたのです。

「あなたがあきらめても、僕は決してあきらめませんよ！」

電話口で、強い口調でこう言ったのは、別の獣医さんです。

「もう八方塞がりで、手の尽くしようがありません」

こんな泣き言を、飼い主の私が言っている場合じゃないと、目の前のモヤが一瞬にして晴れて光明が射した体験でした。

「見ず知らずの人が、こうしてうちのコを助けようとしているのに、私があきらめてどうするんだ！」

獣医さんの、その厳しい言葉には、愛の言霊が宿っていました。 1匹の犬を救おうとする獣医さんの言葉が、私の思考を転換させました。そしてその瞬間、私の言葉も変わりました。

「きっと大丈夫！」

なんの根拠もないけど、「大丈夫！」と、すんなりそう思えました。その獣医さんの指導を受け、自宅でケアを行った結果、小雪はみるみる回復していきました。

「大丈夫。どうにかなる」

これが、私がピンチのときに使っている魔法の言葉です。

なにげない毎日の中で、言葉の習慣を変えておくと、いざというときに救いになります。私のように「死なないで！」と、重苦しい言葉をかけて、そのコの体を、もっと重くするということは回避できるでしょう。

そして、私が小雪と、いよいよ本当にお別れをしなければならなくなったとき、「大丈夫」の言霊が、とても役立ちました。小雪が、この世を去ろうとしているとき、私をじっと見つめて、こう言いました。

「マミィ、ほんとにひとりで大丈夫？」

「こゆちゃん、大丈夫だって！　心配しなくて大丈夫だから。これまで、ほんとにありがとう。もう体も限界だろうから、もういつでも、こゆちゃんのペースで逝ってくれていいよ。引き留めたりしないからね。もう十分にやってもらったから。ほんとに、ありがとう。ありがとね、こゆちゃん」

もちろん、100%大丈夫な自信なんてありません。そんなの、わかるはずもありません。からいばりなところもあったとは思います。だけれど、**言葉にすれば言葉にしたとおりになります。「大丈夫」が安心を生む**のです。

「最期を、安心安全な場で迎えさせてやりたい」

その気持ちが、ひとりになる不安よりも勝っていました。おかげで、旅立ちの日までの数日間、それはそれは優しい時間を一緒に過ごすことができました。

「大丈夫」は、魔法の言葉。どうにも不安でしかたないときの特効薬です。ゆっくりと呼吸をしながら、「大丈夫。なんとかなる」と心の中で唱えてみてください。不安が減って、安心が増えてきた頃、暗いトンネルの先に光が見えてきます。

すると、ほうら、そのコの心もニッコリ。安心な気持ちで満たされています。

ペットを長生きさせる秘訣《ひけつ》……あなたがあなたらしく生きること

そのコは、そこのおうちの2代目ワンコ。ママと離れることができないのだそうです。「うちのコ、分離不安で」。そう、ママさんは言いました。

飼い主さんと離れることに、とても不安を感じるコがいます。すると精神的にも肉体的にも支障をきたします。飼い主さんがおうちを空けると鳴き続けたり、お腹の調子を崩したり、家具などを破壊してしまったり……。こんな問題が起こるのが、「分離不安」と呼ばれる状態です。

ある日、その分離不安のワンちゃんとママが、一緒にやってきました。その日は、ママの体を整える日。ママがマッサージベッドに横になり、ヒーラーさんの施術が始まりました。すると、ワンちゃんが落ち着かない様子でウロウロし始めたかと思うと、立ち止まってワンワンが始まりました。

「あら？　ママと一緒にいるのにどうしたことかしら？」私はそのコに話しかけました。

「ママ、いるよ～。今ね、ママの体をヨシヨシしてもらってるんだよ～。ママが楽チンになるんだよ」

そのコに、私の声は届きません。ヒーラーさんに向かって一生懸命に吠え続けます。そのとき気づきました。これはママを守ろうとして吠えている。ママがいなくて吠えてるんじゃない。

そこで、そのコの心の奥深くに意識を合わせてみました。すると、そのコのとても悲しい気持ちが、私の胸にすぅと入ってきました。ママさん、おうちでご家族から危害を加えられているのだと感じました。いわゆるＤＶの状態です。おうちでの状況を知っているワンちゃんは、ママの体に触っているヒーラーさんが、ママに危害を加えるんじゃないかと気が気ではなかったのです。なんともやるせない気持ちになりました。

「おいで」そのコを呼び寄せて、そのコの心と向き合って話しました。

「おうちでつらいことがあるんだね。ママが痛い目に遭っているのを見てられないのだね。そうだったんだね。今まで気がつかなくて、ごめんね。そうだよね。つらいね。守ってあげたいよね。たいへんなんだね」

そのコは、飼い主さんと一緒にいたい依存から発する分離不安症ではないことがわかりました。そうではなくて、そのコの言い分はこうです。

「ママに何があるかわからないから、ずっと見張っておかなくちゃ！」

「ママを守らなきゃ。目を離したら、何があるか心配！」

ママのガードドッグです。でもね、小さな体ですからガードしきれないのです。攻撃的なコでもないですから、一生懸命に吠えるのが精一杯。このコの身になってみれば、力不足を感じていたことでしょう。もしかしたら、次に生まれ変わってくるときは、大きくてりりしい、いかにもガードドッグの姿を、ご所望されるかもしれませんね。


そのコの気持ちを汲み取って、この場は安心で大丈夫ということを、そのコに伝えました。すると、ヒーラーさんへのワンワンは収まりました。よかった。その後、戻って来てもヒーラーさんへの吠えはなくなりました。リラックスしてもらえるようになって、よかったです。

施術後、飼い主さんと少しお話ししました。やはり、ご家庭内でトラブルがあるとのこと。そのコのワンワンは、ママの悲痛な心の叫びでもあったのです。ご家庭内が平穏であることが、ワンちゃんの心身の安定には必須です。何度も申し上げているとおり、飼い主さんの感情が家庭という器の中で波紋を広げます。ペットは、その環境でほぼ1日の時間を過ごします。あなたが、雰囲気が悪い職場での居心地がよくないのと同じように、彼らも居心地の悪い環境にはいたくないでしょうね。

このワンちゃん、そのご家庭の2代目を果たして、お空へと還っていきました。最期は本当にがんばりました。腎不全を患っていたのですが、腎性貧血やけいれん発作で、そのコはもちろんのこと、飼い主さんもつらかったと思います。飼い主さんも献身的に看取りをしました。

「りこさん。うちのコ、すごく苦しんでいます。もう逝かせてやってください。私は大丈夫だからって伝えてください」

ママさんから、こんなSOSをいただきましたが、私の一存で生命を左右することなどできません。最期が穏やかであるように祈ることはできますが、他人に祈られるより、最愛のママに祈ってもらいたいでしょう。ママには、これまでの楽しかったこと、うれしかったこと、そのコをおうちにお迎えしたときのこと、これまで一緒に過ごした時間に、ありったけの愛と感謝を伝えてあげてほしいとお伝えしました。

こんなときは、これらの思い出に気持ちを乗せて、そのコに語りかけてあげてください。まるで一緒に思い出ムービーを観るように。すると、そのコの脳内にも幸せホルモンが放出されます。そして、最期、地上のお洋服を、とっても気持ちよく脱ぐことができます。お洋服を脱ぐのもたいへんな作業です。そんなとき、**飼い主さんの愛と感謝の気持ちが、お着替えの一番の助け**になります。

そのコは、自らが納得するまで、飼い主さんのそばにいました。飼い主さんが別れられないケースのほうが多いのですが、中には、こうしてペットの想いが強いこともあるのです。最後の最期まで、ママの見守り隊でした。今でも、そのコに想いをはせると、ママを安心エネルギーで包み込んでくれているのを感じます。**ペットたちは、魂になっても、飼い主さんの守り神でいてくれる**のですね。

そのコ亡きあと、3代目ワンコが、そのおうちの主役になりました。ママは、「代々、腎臓病で亡くすのは、お空へ還ったあのコたちに申し訳ない。このコは最期まで健やかであってほしい」と、願いました。三代目のコも、病院で血液検査をすると、腎臓と肝臓の状態がよろしくありません。私が協力できることは、飼い主さんのカウンセリングです。目指すはご家庭の安寧です。それが、ワンちゃんの心身の健康に最も近道だから。

何度かのカウンセリングのあと、狙いどおり、ワンちゃんの血液検査の数値に、一つも異常値が出なくなりました。ママが、やりたいことをやり始めたからです。とってもステキな趣味があるにも関わらず、家族の手前、やらずに我慢していたそうです。新幹線に乗ってお教室に通い始めました。とっても楽しいそうです。それをやっていれば、一晩中でも起きていられるのだそうです。お話しくださる表情も喜びにあふれていて、躍動感があります。「もうね、勝手に笑みがこぼれちゃうんです」ですって。よかった。よかった。そんなお顔を拝見している私も、幸せのおすそ分けをもらいます。ニコニコが伝染します。自然とご機嫌になります。これが幸せの波紋が広がっている状態。その幸せオーラでいっぱいのご家庭にいるワンちゃんの調子がよくなるのは当然ですね。そして、徐々にご家族との関係も取り戻されています。あぁ、よかった。

こうして**飼い主さんがいきいきとされることが、ペットの長生きの秘訣**でもあります。初代ワンちゃん、2代目ワンちゃんでの学びを、こうして3代目ワンちゃんで果たせてもらえるなんて、ペットを飼い続けている飼い主さんへの、特別に与えられた成長のチャンスですね。お空組さんたちも応援してくれていますよ。3代目さんとご家族のみなさんが、健やかでありますように……。

PART 4

飼い主の人生が変わるペットとの生活習慣

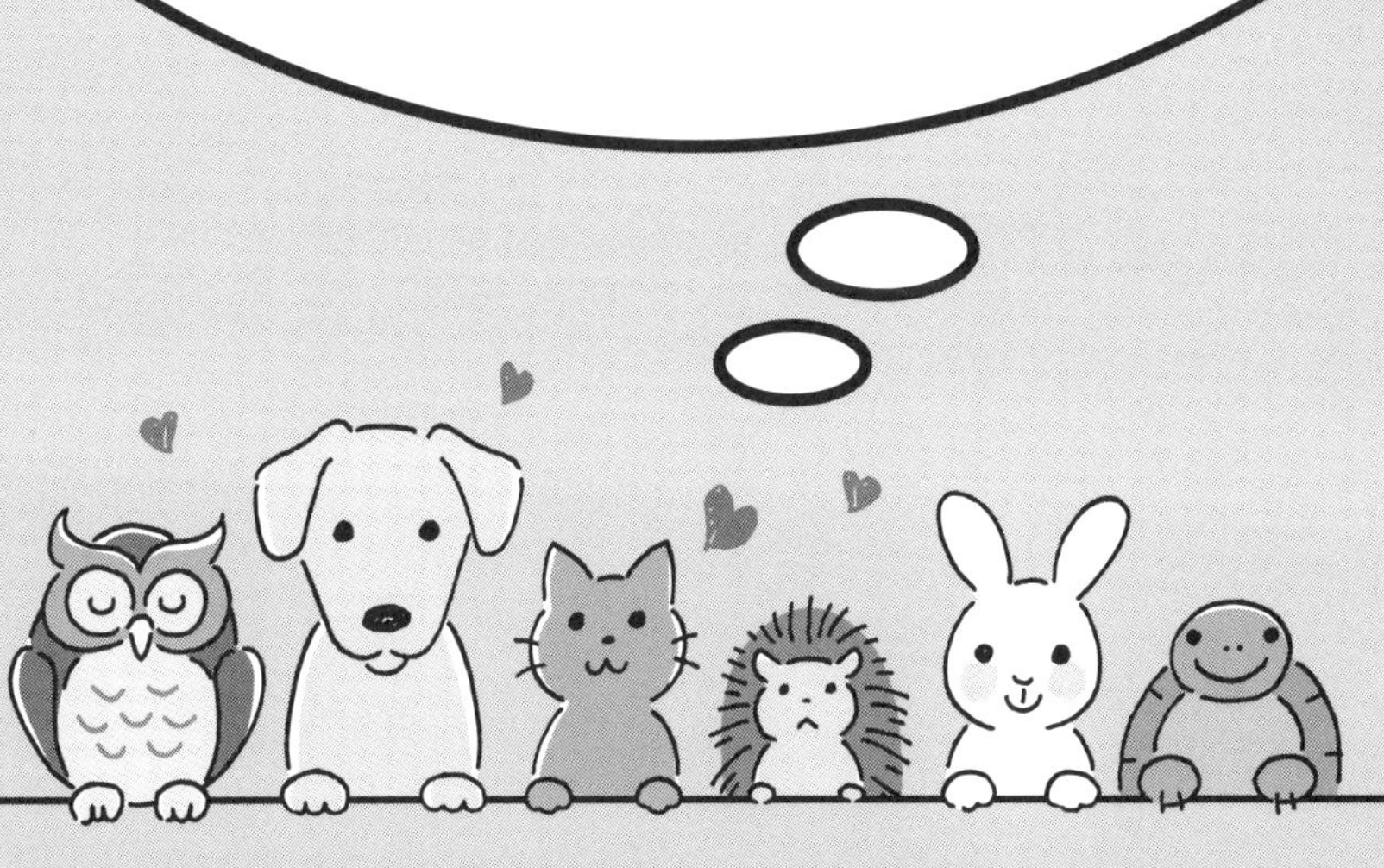

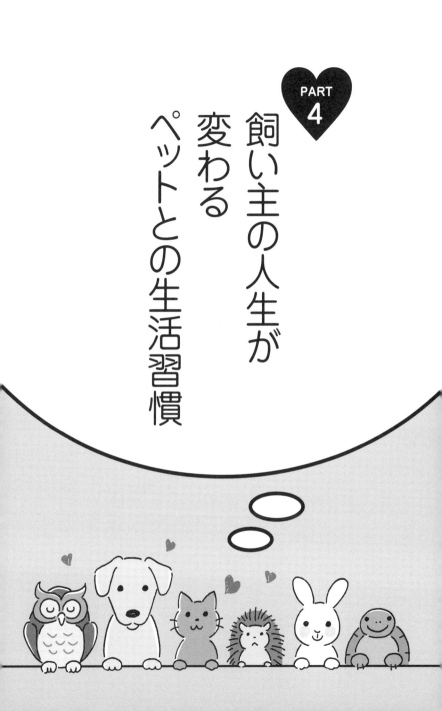

ペット、それは愛の先導者

「まるで愛の滝行を体験したようでした」

アニマルコミュニケーションの講座を受講した方から、こんな感想をいただきました。

「わかる〜〜。その感覚!!　そう！　そう！　そうなのよ〜〜」

思わず、そのメールの送り主さんの世界に引き込まれました。

実際に体験した人だけがわかる感覚です。とめどなく愛のエネルギーが押し寄せてきます。細胞という細胞の、一つずつになだれ込んでくるイメージ。しかも、不意打ちなので、まさかのビックリ体験です。愛でビショ濡れになります。ですから、「愛の滝行」という表現はピッタリですね。

ペットたちからのラブコールに、飼い主さんはメロメロになります。

「ママ、大好きだよ〜〜〜〜」

小さいお子さんが、お母さんの胸に全速力で飛び込んでくるイメージでしょうか……。それ

を受け止めるお母さんになったつもりで想像すると、わかりやすいかもしれませんね。

今日、職場でいやなことがあったとしても、愛の滝が洗い流してくれます。癒やされて、「また明日からがんばろう！」って思えます。お仕事が終わったあと、おうちに早く帰りたくなりますね。ペットが毎日の活力になってくれている方も多いと思います。

「このコたちがいてくれるから」ってね。

そんな愛の源泉となってくれるペットたち。人と人との間で体験する愛を、はるかに超越しているかもしれませんね。


こんなことがありました。

「ママ、もういいじゃない。許してあげなよ」

ペットから、こぼれた言葉です。それを拾った私には、何のことだかさっぱりわかりませんでした。けれど、それを聞いた飼い主さんには、心当たりがありました。過去に起きた出来事で、どうしても許せないことがあったそうです。しかも、許さないことを原動力にしているのだとか。エゴに、がんじがらめになっているのは、自分でわかっていても、「許さないことを糧に前に進む」と決めていたそうです。けれど、愛しい我がコから「許してあげて」の言葉を聞いてしまったら、気になってしかたなくなりますよね？　大切なコのメッセージを聞いて、聞かぬふりはできませんもの。飼い主さんの自我とペットとの愛の一騎打ちのようです。飼い主さんもジレンマに苦しくなったことでしょう。自分の内側と向き合ったのだそうです。そうしたら3日後に、意図せずして解放が起きたのですって。

以下、飼い主さんからのご報告です。

突然涙があふれてきました。そのときに出てきた言葉が、「許していいの？」でした。「許していいの？」ということは、本当は「許したかった」んですよね。でも、想いがあまりにも大切すぎて、許してはいけない、あのときの想いを忘れてはいけない、と必死になって握りしめていたことに気がつきました。ずっと、「許すことへの許可」が欲しかったのかもしれません。涙がポロポロと止まらない中、涙が浄化の雨のように感じ、ふと、「慈愛」という言葉を感じました。愛情や愛おしさ、感謝の涙は何度も流してきたけど、こんなに静かで穏やかで温かな涙は初めて。これまで経験したことのない感情でした。

いかがでしょう？　これがペットの愛の力です。**許せない気持ちが浄化されたら、そこに残っていたのは慈愛。**静かで、穏やかで、温かで……。なんて平穏なのでしょう。**その**

慈愛のエネルギーは、この飼い主さんを源として、周囲へと広がっていきます。愛の津波です。

毎日、毎日、飼い主さんに愛のシャワーを浴びせているコもいます。
「ママ、もういいよ。楽になろう！　ママも好きなことをすればいいよ～。もう十分にやってきたんだから」って。

家族のために、いつも自分があとまわしになってしまうママを見ているのです。献身的に家族へ奉仕するママの、内面の奥底を察してのメッセージですね。

こんな飼い主さんに出会うと、自己犠牲で生きてこられた過去をお話しくださいます。人によっては、無意識にそうしてきているので、ペットからのメッセージで初めて気づくということもあります。

「私だって、愛されたかった……」

こんな本音が、ぽろりとこぼれ落ちます。

小さな頃から両親が不仲で、家庭はまるで戦場。安心安全な居場所がなくて、「世界は危険極まりない」と認識したまま大人になった方もいるでしょう。ご両親が留守がちで、いつもひとりぼっち。「自分でなんとかしないと、誰も助けてくれない」と、大人になってからも、その信念を貫いている方もいるでしょう。大人のストレスのはけ口として、暴言を吐かれたり、暴力を受けたりして育った方もいるでしょう。

「なんのために生まれてきたのか、いまだにわからない」

自分の存在価値を見出せずにいるかもしれません。幼い日々の悲しい出来事。そのときの気持ち。その幼い心に決めたこと。それがずっと心のベースにあるまま、今、こうして大人になり、ペットと暮らしています。そんな飼い主さんのずっとずっと昔の出来事なんて知る由もないのに、ペットは、ちゃんと感じているのです。ママの心の片隅にある「私だって、愛されたかった……」という気持ちをわかっているのです。

「どうして、そんなことまでわかるの⁉　そんなこと、私だって忘れちゃってたのに……」

そのコの能力にビックリされるでしょうけれど、それが動物の本能です。厳しい環境で暮らす野生動物だったなごりです。保護猫さんは、この能力を色濃く残しているコも多いですから、彼らの感知能力の高さに、飼い主さんは納得されることでしょう。

ちなみに、私たち人間にも、彼らのような能力が残っています。それをトレーニングすると、アニマルコミュニケーションへと発展するのです。さらに、幼い頃に前述のようなつらい体験

をしている人は、この感知能力が、すでに磨かれていることも多いものです。幼い子が、生き抜くために必要な術《すべ》だったのですよね。家庭が過酷な環境だったからこその賜物です。

そのコが送ってくれた愛のメッセージが届いたら、「ありがとう」って、にっこり笑顔で受け取ってやってください。そのコの気持ちも大満足です。そのコが愛情たっぷりに接してくれるのであれば、その合わせ鏡である飼い主さんのあなたも、愛情豊かな人なのです。それは愛の飢餓を体験したからこそ、与えられたものでしょう。ペットが教えてくれる、愛に気づく機会を大切になさってください。

「このコは、私の愛の先導者」

こんな気づきを分かち合ってくださった方の言葉がステキで、忘れられません。

今もまだ愛の飢餓に苦しんでいるとしたら、愛の嵐で愛の洪水が起き、あなたの心は愛で潤うことでしょう。**ペットたちが放つ愛の波動で、人々が愛に目覚める**ことを願ってやみません。

ペットが導くあなたのインナーチャイルド

ペットのお困りごとでよくあるのが、おトイレの問題。

「うちのコ、ウンチを食べちゃうんです」

「トイレとは違うところでウンチしちゃうんです」

「わざとオシッコをはずすんです」

おトイレ問題は、吠え、咬みつきに並び、「飼い主さんのお困りごとトップ3」に入ります。

ここでは、ウンチを食べちゃうワンちゃんを例にして、お話ししていきましょう。食べ物ではない物を食べてしまうコにも当てはまります。異食にお悩みの方も一緒に考えましょう。


さあ、こんなコたちに、その行動の理由を尋ねてみましょう。

「どうしてウンチ食べちゃうのかなぁ？　それ食べておいしいの？」

すると、こんな答えが返ってることがあります。

「べつに……。そこにあるから食べるんだ」

ならば、ウンチが出たらさっさと片づければいいだけだと、人間は知恵を絞ります。飼い主さんが、排泄の様子をさり気なく観察していて、出たら即座に片づけるようにするのです。

そうしたらこんなことが起きました。ゲームのようになってしまったのです。そのコとママとで、ウンチの取り合いっこです。所有欲が強いコは、取られまいと、うなるようになってしまったのです。それでは本末転倒です。飼い主さんは、解決策を見失って途方にくれてしまいます。

ウンチを食べちゃうコ。決してお腹が空いているわけではありません。そのコたちは充分にゴハンを与えられています。時には、もう少しダイエットしてもいいんじゃない?と思うほど、オヤツまでしっかりいただいています。それなのに、なぜまだ食べ続ける必要があるのでしょう？　不思議に思いませんか？　ただの食いしん坊ではありませんよ。

「そこにあるから、食べるんだ」と教えてくれたコから感じるのは、まるで暇つぶしのよう。口さびしさを満たすような、そんな感覚です。私たち人間にもあるでしょう。お腹が空いているわけではないのに、ついつい袋菓子に手を伸ばしてしまうこと。ポテトチップスの袋を一度開けたら、無意識のうちに食べてしまうといったことです。

「全部食べちゃったぁ〜。あぁ……」

彼らもこんな感覚と似ているんじゃないかと思います。

自分でも理由がわからず食べてしまう。やめられない。そんなコたちのもっともっと心の奥深くに耳を傾けると、「愛」にたどり着くことがあります。食事は、エネルギー補給です。エネルギーで体を満たしているのですが、心が満たされないときにも、食べることで満たそうとすることがあります。つまり、**愛のエネルギーが枯渇しているときにも、食べてエネルギーを補充しようとする**のです。今回は、そんな観点から食糞《しょくふん》や異食を考えます。

ペットと飼い主さんは、合わせ鏡ですから、飼い主さんの満たされない心を感じ取ったペットは、異物を食べることで満たそうとしている。こんな成り立ちが見えてきます。ですから、食糞や異食を相談する飼い主さんに、「もしかしたら、あなた自身が幼い頃、何かの理由で、愛が満たされなかったと感じている体験があるのかもしれませんよ」とお話をすると、多くの飼い主さんは、思い当たることがあると言います。

「小さい頃、両親が不仲で居場所がなかった」

「いつもいつも、親のストレスのはけ口になっていた」

「お母さんをかわいそうに感じて、ねぎらってあげなくちゃと思っていた」

「親が留守がちな家だったので、いつもさびしい思いをしていた」

「お母さんを困らせちゃいけないと思って、いい子にしていた」

その方の心の中に住む幼き子が、救いを求めているように聞こえます。

「本当はもっともっと親に愛されたかった」

「さびしいよ〜、もっと一緒に遊んでよ〜って言いたかった」

「もっとわがままを言いたかった」

「もっと自由にやりたいことを、やりたかった」

「私も、兄弟と同じようにしてもらいたかった」


これが、その幼い子の本音ですね。続いて幼い日々のつらい体験がポロポロとこぼれ落ちます。そんな飼い主さんに、私はこうお伝えします。

「このコの**食糞を止める一番の近道は、小さい頃のあなた自身を救うこと**だと思いますよ」。すると、飼い主さんは戸惑い気味に尋ねます。

「どうすればいいんでしょう？」と。

「もしよろしければ、泣いている小さなあなたを、今から一緒に救いに行きませんか？」

こうご提案します。

「ええ？　そんなことができるんですか⁉」

ほとんどの飼い主さんは、びっくりします。目の前の私を、まるで魔法使いのように見る方もいますが、決して魔法ではありません。

「ええ、できます。あなたが自分で、幼い頃の自分を癒やしてあげることができますよ。幼い自分に、思う存分ありったけの愛を与えてあげてください。まるであなたが、大切なあなたのおコさんを愛するかのように……」

こうして私は、アニマルコミュニケーションに続いて、飼い主さん自身の癒やしへと導きます。飼い主さんに、ゆったりとリラックスしていただき、イメージの中で小さな自分自身と出会っていただきます。飼い主さん自身に見立てたクッションや縫いぐるみなどを、膝に乗せて抱っこしてもらいます。クッションや縫いぐるみが、幼い自分です。私の誘導に従って、自分で自分を癒やすワークをやっていただきます。

「大人になってから、こんなに泣いたことなかったです。本当は、親にこうしてもらいたかったんですよね。それなのに、いつの間にかすっかり忘れちゃってました。でも、本当はさびしん坊です。そのさびしさを思い出したくないし、感じたくなくて、ずっと蓋をしていたんだと思います。強がって生きてきたように思います。平気だと思っていたけれど、平気じゃなかった……。今ようやく、気づきました。さびしがっていた小さな私を、いっぱいヨシヨシしてあげました。さびしかったんだねって、いっぱいハグハグしてあげました。そうしたら、満足そうな顔をしていました。これからも、ときどきやってあげます」

さびしん坊ちゃんが癒やされました。そんな方のお顔は、どこか穏やかで安心したように見えます。さびしかった幼い日の体験を思い出さないように、何かで紛らわせる必要がなくなったからでしょうね。**感情を解放し、心が開放されました。**これをきっかけに、どんどん自分らしさを取り戻していかれるでしょう。

それほどまでに傷ついていても、自分で自分を救えます。

愛が欲しくても欲しくても、もらえなかった自分。

いつもいつも居場所がなくて、どうすればいいのか困っていた自分。

いつもひとりぼっちでさびしくお留守番をしていた自分。

兄弟のほうがかわいがられていると、いじけていた自分。お母さんを困らせないように、いい子を演じていた自分。

どんな自分も自分自身で救うことができます。深い深い癒やしのワークです。こうして**飼い主さんのインナーチャイルドのワークが完了すると、不思議なことにペットたちのおトイレの問題や異物を食べる問題が解消される**ことがよくあります。

「そういえば、うちのコ、最近、食べなくなってる！　えっ⁉　もしかして、もしかすると、アレですか？　ペットと飼い主は鏡ってヤツ？　私が気づいちゃったから⁇」

驚き半分、喜び半分。うれしそうな飼い主さんのお顔には、自信がみなぎってきているのがうかがえます。

もし、異物を食べているワンちゃんから「口さびしいから食べてるんだよ」という答えを受け取っただけで終わってしまったなら、異食が収まることはなかったでしょう。もし、あなたが、アニマルコミュニケーションをされる方でしたら、ペットの心の底にあるもう一つ奥の扉を開けさせてもらってください。そして、そのコの本音を聞かせてもらってください。

彼らの**心の中には、飼い主さんの心のカケラがあります。**そのカケラの部分に耳を澄ましてみてください。すると飼い主さんの心の叫び、本音が聞こえてきます。

それをうまく飼い主さんに伝え、そして飼い主さんがそれを心で受け取れたとき、飼い主さんには気づきがやってきます。それがそのコの問題、つまり、飼い主さんが最初にご相談くださったことに対する答えです。飼い主さんが、その答えを受け入れて、自分の癒やしや行動の改善に取り組んでくださると、そのコの行動は、すんなり変わります。

こんな根本アプローチ型の問題解決法をお望みであれば、自分の心の扉の鍵を開けておいてください。ペットたちは、飼い主さんの幸せにつながるのであれば、喜んでその扉を開けるお手伝いをしてくれます。ペットの問題が、ただの問題ではなく、飼い主さんへ向けたサインであることを多くの方に知っていただきたいと思います。

「問題をサインとして受け取る」。そんな考え方が広がれば、「問題なコ」というレッテルを貼られること自体がなくなるでしょう。終生、同じ家族の元で暮らせるコが増えるでしょう。そのコの命が途中で絶たれてしまうという悲しい現実も、さらに減ることでしょう。命をいとわず、本音で正面から、ぶつかってくるペットたちのサインを聞き取ろうとしてくださる飼い主さんが増えることを願っています。

あなたの心を癒やすペットたち

動物が大好きで、動物に関わるお仕事に就いたのに、人間不信になり、結局は、その大好きな動物に貢献する仕事が続かない。こんなお話を、たくさん聞いてきました。とても複雑な想いが、私の頭の中でグルグルととぐろを巻きます。

「動物は純粋でいいです！　素直で、無償の愛にあふれていて。だけど、人は……」

急に、その声が先細ってしまうのは、なぜでしょう？　人は、何なのでしょう？　その先を丁寧に聞いてみると、お顔が下向きかげんになって曇ります。

「人は、怖いから」

か細い声で教えてくださいました。

「そのコを最高にかわいい姿にしてあげたくて、念願のトリマーになったのに、結局、職場の人間関係がうまくいかなくて辞めました」

「ペットを元気にしてあげたくて、動物看護士として働いていたのですが、現場は思い描いて

いたものとは違っていました。人とペットたちの気持ちが、ちぐはぐなのを感じてしまって、耐えられなくなって辞めました。ペットたちが気の毒になってしまって……」

その方がトリミングしたワンちゃんの写真を、見せてもらったこともあります。動物病院に通ってくるコたちと、ステキな笑顔で一緒に写真に納まっている姿が、本来のその方なのだろうな、と思ったこともあります。すばらしい技術と才能を持っているのに、もったいない！動物に対する優しい気持ちが活かされる場がないなんてもったいない！その方が、動物に貢献する機会と場が失われた悲しみも感じます。

こんなとき、辞職の理由はいつも「人」なのですよね。人間も動物なのですけれど、人間と人間が関わって「人」になると、どうもこの世の中は、いろいろな軋轢《あつれき》ができるしくみになっているようです。動物たちは、こんな状況を望んでいるのでしょうか？

あなたは、野生動物が主役のドキュメンタリー番組はお好きですか？私は、野生動物が暮らす自然環境は厳しいなぁと思いながら観ます。弱肉強食の世界を過酷だと思いながら観ることもあります。けれど、それより厳しく過酷な環境は、本当は人間社会なのかもしれません。野生動物たちは自然の摂理に従って豊かな世界に生きているんじゃないかと感じるからです。

こんなお話をし始めると、必ずいるのです。

「私も動物になりたい」っていう人が……。残念ながら、いったん人を生き始めた魂は、動物に戻ることは基本的にできません。「人」を楽に生きられるといいですね。

人間をやめたくなった人も、人と人が優しさで関わり合う社会になったらどうでしょうか？ きっと、もう少し人と関わってみてもいいかな、と思うでしょう。それなら、またトリマーをやってみようかな、動物病院に復帰しようかな、そんな希望の灯が、再び心の隅に灯ったなら、私はとってもうれしいです。

というのも、動物は調和を図ろうとする存在だからです。特に**自然で暮らす野生動物や植物は、地球全体が調和するように、その地に暮らしています。**人間目線では過酷に思える環境でも、その状態で生態系のバランスが保たれているのですよね。彼らは、人間同士が争うことを、決して望んではいません。それなのに、人間同士の争いのとばっちりを受けるのは、いつも彼らです。職場のいざこざで働けなくなったトリマーさんが、まるでその縮図のように思えます。

地球上でそんな立ち位置にある動物たち。そこから人の家庭に住みかを変えた**ペットたち**

は、もっと人間に身近なところにいて、調和の大切さを教えてくれているのだと思います。自然環境を家庭環境に置き換えて考えてみましょう。調和を重んずるペットたちにとって、自分自身のことが原因で家族が争うなんて、このうえなく心が痛いことだと、容易に理解できるでしょう。

私の亡き愛犬、小雪も、私たち人間家族が言い争うと、彼女の一番安心安全な場所であるクレートの中へと、そそくさと退避していたものです。それほど、**家族の不機嫌は、ペットにとってストレス**なのです。クレートの中から、私の様子を上目遣いでじっと見る目つきは、幼い日の私そのものでした。

こんな状況のとき、あなたのペットは、どんな態度を示しますか？　仲裁に入るコもいますよね。ピッタリと寄り添ってくれるコもいます。中にはオモチャを持ってきて、気を反らそうとするコもいます。「夫婦喧嘩は犬も食わぬ」といいますが、ペットたちはわりとよく食べてくれます。それで吐いたり、下痢をしたりして、負のエネルギーをデトックスしている様子も、よく聞きます。「ペットと飼い主は合わせ鏡」の法則を知っている飼い主さんたちは、「やらかした～」と、自分の態度にハッと気づくのです。

こんな体験をした飼い主さんたちは、次に持ち込む相談内容が変化します。

「うちのコを、あんな目に二度と遭わせないようにするには、私はこれから何をすればいいのでしょう？」

「あのコに、私の気持ちが、こんなに影響していたなんて、ちっとも気づきませんでした。これ以上、負担をかけないように、今の私ができることは何ですか？」

「言われてみれば、思い当たる節がいっぱいあります。きっとあのコは、私に大切なことを伝えようとしてくれているんだと思います。今後、どうしていけばいいのでしょう？　あのコに、なるべく楽に過ごしてもらいたいです。長く一緒にいたいので」

これらのご質問への回答のヒントは、前述の小雪の態度に隠されています。安全地帯に逃げ込んで、息をひそめて、じっと親の様子をうかがっている。私は、小雪の様子をそんなふうにとらえました。これは、幼少期の私自身と被るのです。詳しいことは、前著『その子はあなたのためにやってきた。』（青春出版社）の終章で記しました。

ペットたちは、飼い主自身が知る由もない、心の奥深くに放置されたままの傷を感じ取っているのです。動物は人間語が話せないので、伝える手段を問題行動や体調不良などの行為で表現しているだけです。あなたより、あなたのことをよく知っています。驚きですね。こんな観点で、うちのコをよく観察してみてください。

リビングの窓越しに、郵便屋さんや通りがかりの人に対して、ワンワンしちゃうコ。そんなコの飼い主さんは、もしかしたら、心のバリアをしっかりと作っているかもしれませんね。無意識のうちにですけれど。心当たりがあれば、他人との関わり方、知らない人への反応のしかたを、セルフチェックしてみるといいですね。

「犬が知らない人に向かって吠える」

起きている現象は、日常でよくあるシーンですが、その深層にあるのは、飼い主さんが**「心の中に番犬を飼っている」**ということ。そのコは、単にそれを体現してくれているだけなのです。

では、なぜ、あなたは心の中に番犬を飼う必要があるのでしょうか?

いつから飼っていたのでしょうか?

小雪も、郵便屋さんに吠えていました。インターホン越しでもワンワンが止まりませんでした。そして私も、前述のトリマーさんや動物看護士さんのように、人は怖い存在だと思っていました。ですから、他人には当たりさわりがないように振る舞うことも多かったです。批判されないように、笑顔を繕っていました。

「いつもニコニコしているね」と、よく言われたものでしたが、それは、生き延びるための武器なのです。爆弾の照準が、私に合わないように、予防線を張っておくのです。

でも、そのニコニコの奥は、怒りや悲しみでいっぱいです。それは育った家庭が、子どもの私にとっては、まるで戦場だったから。暴言という弾が、空中を飛び交っていました。大人たちの不機嫌さの照準が合ってしまうと、たちまち空爆の対象になってしまいます。負傷しても、十分な手当はされません。時には、そのまま野に放置です。これでは、傷が元どおり修復されるはずもなく、傷跡を残したまま大人になりました。その傷がうずくのですよね。本人は完治したつもりでも、それは表面上のこと。その内部組織は何十年経っても、損傷したままです。

その傷をペットたちが感知するのです。安心安全である場を守るために、外に向かってワンワンするのです。そういうしくみを考えると、ペットの問題行動への対策がわかりやすいでしょう。源である、あなたの心の損傷部分を修復してやればよいのです。

戦場で生き延びなければならなかった、あの頃のあなた自身を救ってやってください。救えるのは、あなたしかいません。もう過去に生きる必要はありません。そのコと一緒に、未来に前向きに生きていけます。いつの間にか、肌色も明るく、ステキな笑顔の、本来のあなたに戻っています。あなたの大切な、そのコもね。

また、あなたが大好きな動物に触れられるお仕事に就いてもいいですね。次にご縁がある職場では、あなたと同じくステキな笑顔の人たちに囲まれることでしょう。あなたの素晴らしい才能を発揮して、ペットと飼い主さんへ貢献していってください。

ペットの気持ち、飼い主の気持ち、そして、より大切なもの

彼らにとって、何が幸せなんだろう……。

こんなことをよく考えます。**人間の常識を物差しにして、彼らの幸せを推し量っていないだろうか……。**

自分の好みや希望の檻《おり》に、彼らを閉じ込めてしまってはいないだろうか……。

ペットが脱走した際に、相談を受けることがあります。**ペットの脱走は、家出と迷子に分かれます。**さらに、家出にも、帰って来るつもりがあるケースと、そうでないケースがあります。帰って来るつもりがあるケースについては、先にお話ししました。

そんなコは、自宅からそれほど遠くへは行きません。そして、こっそりと家人の様子をうかがっているものです。そのコが家出までして伝えたいメッセージを、飼い主さんがしっかりと受け取れば、ご帰宅は叶うのでしたよね？

もう一方のケースは、帰ってくるつもりのないコたちです。そんなときは、アニマルコミュニケーションで、そのコに意識をつなげても、とても遠い印象だったり、イメージが薄く感じられます。逆に、ガン！と一発、「帰るもんか！」という強い声を受け取ったこともあります。私が扱った中で、このようなケースは、いずれも保護っコでした。

そもそも人と一緒に暮らすつもりのない猫さん。保護されて、新しいおうちに移ったのも束の間、サッシの隙間から逃げ出しました。「せいせいするぜ！」その猫さんから、ハッキリ聞こえたわけではありませんが、あえて人間語に変換すると、こんなセリフがピッタリでした。

ゴミ屋敷からレスキューされたワンちゃん。このコも、即、逃走。元のおうちへと帰っていました。そこには、ワンコ仲間がいます。人間とイヌの共同生活が成り立っていました。そのコにとっては何不自由ない生活です。現代の一般的な犬の飼い方とはかけ離れていますし、狂犬病予防法に触れています。けれど、虐待やネグレクトに遭っているわけではありません。人間も含めて、群れができ上がっており、その生活になじんでいます。ゴミ屋敷かもしれませんが、そのコにとっては安心安全な場所なのです。ですから、その生活に大満足！　何の不自由も不満もありません。

さぁ、この状態、あなたならどうとらえますか？　あなたが、視座をどこに置くかによって、感じることも違うでしょうし、とる行動も違いますよね。法律重視なのか、そのコの気持ち重視なのか。はたまた飼い主さんの味方になるのか……。さまざまな視点や可能性が想像できて、一つの正解は見つかりません。

似たような現場でも、動物たちの生命が危ぶまれるときは、救い出す必要があります。それにも関わらず、飼い主さんの同意が得られず、保護活動家さんが困り果てたケースの相談に乗ったことがあります。

飼い主さんなりにそのコたちに深い愛情を示していました。けれど、飼い主さんには、年齢とそれに伴う身体的な限界がありました。15キロほどもあるワンちゃん4頭の十分なお世話に無理があるのは、誰の目にも明らかです。

こんな経緯をうかがって、まず伝えたのが、飼い主さんの言い分を聞き尽くすことです。飼い主さんにも事情があること、飼い主さんの心を理解する必要があるということです。説得するようなコミュニケーション、飼い主さんを批判するようなコミュニケーションを避ける必要があります。誰だって批判されたり、否定されたりすれば、その相手に対してかたくなになるものです。攻撃対象から身を守ろうとするのは、動物たちの本能と同じです。さっさと片をつけようとする焦りも禁物です。何度も訪問して、飼い主さんの心の扉が開くまで、ゆっくりと関係性を構築することをご提案しました。

「何を悠長な！」「それは理想論だ！」というご意見も確かにあるでしょう。「どんな手を使っても、まずは動物の生命を！」というやり方が、間違っているというつもりは毛頭ありません。明らかに虐待を受けていたり、ネグレクトの状態で緊急性を要したりする件は、そうせざるを得ないことだってあるでしょう。けれどどこの場合は、視座をどこに置くかで、とらえ方が変わるというお話になります。

動物の気持ちを優先するならば、飼い主さんの気持ちを無視するわけにはいかないのです。そのコたちは飼い主さんを深く信頼しているからです。強い絆を勝手に断ち切ることは、どこからともなく介入してきた他人にはできません。

保護を急ぐなら、まずは、飼い主さんの気持ちに徹底して寄り添うことです。大切な存在を奪いにやってきた「盗っ人」ではなく、大切な存在を大切にしてくれる「助っ人」であると、飼い主さんにご理解いただくことこそが、事態がスムーズに解決する方法だと考えます。困難を極める、このようなケースを扱ってくださる保護活動家さんには、頭が下がります。このような形で、飼い主さんと保護活動家さんの心理面のサポートをすることで、現場から遠いところからではありますが、微力ながらお手伝いができればと思いました。

まずは、現場に入る人が、飼い主さんとの信頼関係を紡ぐことをご提案しました。飼い主さんが納得し、飼い主さん本人からワンちゃんたちに、飼い主さんの元を離れて新しいおうちへ移ることを、お話ししてもらえるようにお願いしました。愛と感謝をたくさん伝え、ワンちゃんに納得してもらえるようにしていただきました。「三方良し」になる工夫が、功を奏した事例でした。

それぞれのコに、それぞれの想いがあります。それぞれの飼い主さんに、それぞれの想いがあります。見る角度、見る範囲によって、見える世界は変わります。相手が何を望み、何を見ているのか、そんな相手の想いに寄り添う姿勢が、平和的な解決への近道ではないでしょうか？

相手が大切にしているものを、大切に想う優しさを持つよう、ペットは身をもって教えてくれます。

気づきをもたらし、幸せを運んでくれるペットたち

「育てたように子は育つ」とは、相田みつをさんの言葉。これは、人間の子どもに限りません。さらに心に響くのは、**「育てられたように、子を育てる」**ということです。これも、ペットを育てるうえでも例外とはなりません。

ご夫婦の間にお子さんがなく、ペットを迎えるケースも多いものです。

「子どもが授からなかったので、このコを迎えました」

「人の母親になるのは抵抗があったので、子どもはいません。このコが子どものようなものです」

こうして、その方の元へやって来たコたちは、ママにコ育て体験をプレゼントしてくれます。

ただ、人の子育てと似ているようでまったく異なるのが、いつかそのコが、親（飼い主）の年齢を飛び越えてしまうという点です。あらゆる手段を講じても、自然の摂理、神の思し召し

に背くことは不可能です。私たち飼い主が一番切なく感じるのは、この点なのではないでしょうか？

だからこそ、「そのコの一生に責任を持たなくちゃ！」と、必要以上に気負うことにもつながります。人間の子どものように自立して巣立っていくわけではないので、余計にそう思うのですよね。生命に責任を持つことはとっても大切なことなのですが、それが過剰になると、これがまた揺り戻しにつながりかねません。

たとえば、完璧主義の飼い主さんは、理想像が極端に高い。責任感が強くて妥協を許せない。失敗を必要以上に怖れる。こんな特徴を持っています。そもそも、劣等感を強く抱いていると、完璧主義に陥りやすいということもありますね。そして、他人と比較して、自分が劣っていると判断をすると、自己卑下につながります。逆に、自分が優っていると判断すれば高慢につながります。卑下も高慢も、両極端なのですよね。

うちのコを育てるのに、飼い主として間違いがあってはいけないと、ものすごく神経質になる方もいます。1ミリの狂いも許さぬ、きまじめさを感じることもあります。もう少しゆとりがあってもいいんじゃないかと、感じたこともあります。そんな私も、アニマルコミュニケーションの世界に入るまでは、血液型がトリプルA型なんじゃないかと思うほど、ものすごく神経過敏に、子育てもコ育てもしていました。私の劣等感を埋めるために、完璧な子（コ）を育てようとしていたのでした。今となっては、「完璧な子（コ）って何？　その子（コ）らしさのままでいいじゃない」と思えるのですが、当時は真剣に完璧な子（コ）を育てようと思ったものです。私の思いどおりの子（コ）になるように、ものすごく口うるさい母親でした。

そして、犬にまで教育ママでした。しつけ教室でも、完璧に服従できるように、うちのコに望みました。そうなれるように、自宅でもたくさんトレーニングをしました。それはもはや、トレーニングという名のコントロールでした。親にコントロールされた子（コ）たちは、窮屈だったことでしょう。小雪は、神経過敏なコになりました。育てたようにコは育ちました。

このように、ペットたちは飼い主の心のあり方を見抜いています。最初は、寄り添うような態度でいても、そのうち反抗するような態度を示すこともあります。このあたりも、人間の子育てと同じですね。幼い子どもが、ぐずって親の手をわずらわせたり、多感な年頃のお子さんが、反抗的な態度を示したりするのと似ています。

ペットも、飼い主さんの頃合いをみては、そのような振る舞いを、あえてするのだと感じます。それが、問題行動に出る場合もあれば、病気として現れる場合もあるのです。

小雪も病気だけでなく、吠えにも咬みつきにも悩まされました。いずれも、表面的な問題に焦点を当てて対処しても、一向に思うような結果が得られない場合は、飼い主さんご自身の心の内側にフォーカスしてみてはいかがでしょうか？　思わぬところにその問題の源が見つかったりします。

ペットの問題が収まると、お子さんの問題も同時に収まるなんてこともザラにあります。正直ですよね。素直ですよね。彼らの前で、ウソはつけません。装った自分では、対処しきれません。結局、その人らしさで向き合うことを、見せられているのだと思います。

完璧主義や劣等感という心のあり方は、私の人生に大きく影響を与えていたものです。心の勉強をするようになり、自分の内面を少しずつひも解き、どんな自分も一つずつ受け入れていくようになってから、心が軽く楽になりました。劣等感をくすぐられないように、神経を張り巡らせる必要もなくなりました。完璧を装わなくても平気になりました。

これほどまでの劣等感や完璧主義の源が、どこにあるのかを探りました。私の成り立ちは、幼少期の親からのコントロールが基になっていることにも気づきました。「育てられたように育てたくはない」と思いながら、結局は、育てられたように育てていたのでした。こうして

心のあり方は、世代を越えて連鎖するのです。それは子だけでなく、コにまで。がく然としました。

子（コ）は、母である私の成果物。ですから、子（コ）が高評価を得るということは、私の評価が高いという解釈でした。要は、子（コ）を通して、自分の評価を高めたかったのです。

このような無意識の振る舞いが、どれほど子（コ）を苦しめていたことでしょう。完璧主義ですから、自らの過ちを悔いました。けれど、後ろ向きな気持ちでいても、未来が変わるわけではありません。しかも、子（コ）に影響しているのですから、一刻も早く何とかせねばと思いました。子（コ）は、私たち大人とは別の時間の流れの中で生きているのですから。1か月、1年が、大人の5年10年にも相当するのではないかと思いました。

そこで、この心のあり方が、いつ、どのように始まったのか、私の心はどのように成り立っているのか、第三者の視点で観察、検証しました。よくよく冷静に俯瞰《ふかん》してみると、心の設計図はわりとシンプルでした。幼い頃から他の子とうまくなじめず、人との関わりにおいて、ずっと生きづらさを抱えていました。そういうものだとあきらめていました。そんな私の心は極めて複雑に違いないと思い込んでいました。それがすべて勘違いだと気づきました。起きる出来事は、すべて自分次第であることが肚落《はらお》ちしたとき、人生は好転しました。
今では、飼い主さんの心のあり方にアプローチすることにより、ペットの体調不良や問題行動を解消することができるまでになりました。そればかりではなく、飼い主さんご自身が自分らしさを取り戻し、楽に生き始めるようになります。作り笑いではなく、その人らしい本来の笑顔が見られるようになります。そんな美しい笑顔は、まわりの人々を笑顔にします。負の連鎖が、笑顔の連鎖に変わります。そんな人々に毎日囲まれている私は、なんて幸せ者なのでしょう。

最もつらかった体験が、最も幸せな体験を運んで来る。これが人生のしくみのようです。つらかった過去の出来事を、「これでよかったんだ。今となっては、すべては糧」こう受け入れられたら、自らの人生をそのまま受け入れられたことになります。その瞬間に人生が転換します。エネルギーが一瞬にして変わるのです。「オーラが変わる」とも言えますね。その気づきのきっかけとなってくれるのがペットです。大きな役割を果たしてくれます。ペットは幸せを運んできてくれるのです。ありがたき存在です。

そして、輝き始めるあなたの人生

私のインナーチャイルドを顕著に表してくれた小雪。当時、ペットと飼い主が、合わせ鏡の関係性を築くことを知っていれば、小雪はあれほどの大病をする必要はなかったのかもしれません。けれど、毎日、目の前のことをこなすだけで精一杯だった私は、そんなことを考える余裕すらありませんでした。今となっては取り返しがつかないことではあります。小雪は、すでにお空の住人となりましたし、ここから挽回することはもうできませんから。

こんな失敗を犯した飼い主は、その罪を背負って生きていかなくてはいけないでしょうか？後悔や罪悪感いっぱいで一生を送らないといけないのでしょうか？

これまで、十字架を背負っている飼い主さんにもたくさん会ってきました。飼い主さんは、「ごめんね」「許してね」と言いますが、ペットたちは異口同音に「幸せだったよ。ありがとう」と伝えてきます。誰ひとり、そのつらさを盾に取って、**飼い主さんに不平不満をいうコはいません**でした。そんな寛大なペットたちの気持ちを知り、飼い主が後ろ向きに生きることは、

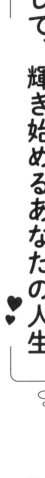

彼らの気持ちに反するのだと感じました。

後悔はいらないということ。その出来事を振り返り、次への糧とすればいいのです。飼い主が報われたいがために、自分に都合のいいことばかり言っていると思われるかもしれません。私は、それでも構わないと思います。それを学びとして次に活かすようにすれば、そのコたちは、ほっとしているのを感じますし、お役に立ったとニッコリしているお顔が浮かぶからです。ペットたちは、飼い主の人生をサポートしたくて来ているからでしょうね。

ですから、小雪とのたいへんだった出来事を悔いてばかりいる必要はないと感じました。だからこそ、私はこうしてアニマルコミュニケーターとして、動物の目線で人の心理を伝えられるようになりました。皮肉ととらえるか、ギフトととらえるか、「小雪だったら、どっちがうれしいだろう?」、こんな視点から物事をみられるようになりました。

そうすると、ギフトとしか思えなくなりました。今となっては、体験したことすべてがギフト。すべて天のベストな計らいだと感じます。そのときは、未熟ではあったけれど、私なりに最善を尽くしたのだと、自分を許してあげられました。「こゆちゃん、ごめんね……」が「こゆちゃん、ありがとう」に変わりました。

アニマルコミュニケーターになりたての頃、冗談交じりでよくこんなことを言われたものです。たまたま通りがかった、お散歩中のワンちゃんを見て「りこちゃん、動物とお話できるんでしょ？　あのコ、今、何言ってるの？」ってね。何も言っていないのです。そのコは、目の前の臭いに全意識を集中していました。もちろん、臭いの分析はしているけれど、人間のように、一つのことをしながら、頭の中はほかの物事をあれこれ考えて雑念でいっぱい！　なんてことはないのです。

食いしん坊さんが教えてくれます。ゴハンだと思ったら、「ゴハン！　ゴハン！　ゴハン！」って、ゴハンに全集中。ヨダレが、だら〜りとなるコもいますよね。猫じゃらしに夢中になる猫さん。その瞬間を楽しんでいます。彼らの姿を見ていたら、**「今ここに集中して生きる」**、その一瞬が連続して、過去を紡ぐことに気づきました。

これも、インナーチャイルドを癒やしたからこそ、次の段階として、今この一瞬の時間に存在することの重要性に気づいたのでしょう。過去の感情に引っ張られることなく、前を向けるようになりました。すると今度は、先の不安を感じるようになったのです。せっかく気持ちが明るくなったのに、足踏みばかりで、ちっとも目の前の一歩が踏み出せません。足を前へ出そうとすると、とたんに、できない理由を探し始めるのです。時間ばかりが流れていきます。

こんなときも、動物たちが一点に意識を集中させる姿がヒントになりました。彼らは、過去の記憶から不安や怖れは出ますが、体験したことがないことまで、あれこれ予測立てをして不安に思うことはできません。今が幸せであれば、過去に執着せず清算していきます。**今の幸せにフォーカスしている**のです。

どんな結果が起きるのかなんて、悩んでもしかたないと気づきました。本当に転んだときに、考えればいいのです。未来を予測しても、可能性は無数に存在します。しかも、思考したことが未来に具現化するしくみですから、転ぶことを前提にしていたら転ぶのです。わざわざ欲しくもない現実を、自ら創り出す必要はありません。時間を使ってあれこれ考えている時間がもったいないことにも気づきました。絶望の箱に閉じこもった体験がある私でも、こんな考え方ができるようになりました。小さな進歩を、大きく喜びました。

時間だけは、万人共通に失っていく財産です。しかも、ペットたちは、人間より数倍速の時間の流れの中で生きています。ご縁があったこの有限の時間の中で、そのコと無限の関係をつくることは可能だろうか……。そのコが**教えてくれることを真摯《しんし》に受け入れ、学びを深めて、等身大の自分で生きること。そうすれば、そのコが喜びます。**そのコの心が、そのコの魂が、喜ぶことをしよう！　すなわち、それは私の心が喜ぶこと。私の心が喜べば、そのコも喜び、魂まで輝きます。

そのように生きようと決めたとき、意識は、過去でも未来でもなく、今ここに集まってくるのがわかります。エネルギーが高まって、パワーがみなぎってきます。ようやく、自分の中に自分が戻ってきます。もう自分お留守の状態は、終了です！　**自分を守るために、不安は1割残しておいて、9割ワクワクで生きましょう！**

そうして、飼い主がワクワクの直感の中に生き始めると、ペットも活き活きとし始めます。「ここまで導いてくれて、ありがとう！」って、伝えてあげてください。あなたのおコさんは、やれやれとひと仕事終えて安心しているかもしれませんね。または、「ほんと、ママったら手がかかる」なんて、親子逆転に思っているかもしれません。それは、そのコに尋ねてみてください。いずれにしても、飼い主さんを全身全霊で応援してくれているに違いありませんから。

私の元には、こうしてペットに連れられて、人生を変えるためにやってきた人が集まってきます。ペットの意識の世界にも、インターネットのようなネットワークシステムがあるんだと思えてしかたありません。

「飼い主の心の準備が整ったら、DearMum へ連れて行くべし」

こんな回覧板が回っているのでは？
「絶対そう思う！　私も連れて来られたもの！」
満面の笑みでうれしそうに答える受講生さんたちのオーラは、キラキラと輝いています。

さて、本パートの最初にご紹介した、初めてのアニマルコミュニケーションで「愛の滝行」を体験された飼い主さん。当初は、ひたすら愛に感動するばかりでした。けれども、そのあとにご紹介した事例と同様、今では、プロの道を歩もうとされています。愛で満たされ、癒やされただけでなく、たくさんの気づきがもたらされました。

なぜ、「愛の滝に打たれた」ではなく、「愛の滝行」と表現されたのか、そのときはわかりませんでした。けれど、自分の内面を知り、クリアにしていく作業にとことん取り組むという、プロの道を歩まれる方には必須のプロセスを予知していたのでしょう。

その過程は、ある意味、修行のように見えます。いずれにしても、咬みつきという洗礼をワンちゃんから受けたのをきっかけに、アニマルコミュニケーションを学び、プロの道を生きると決めた飼い主さんの人生を変えてしまったことに違いありません。**飼い主さんが、使命を果たせる道へと導くペットの力は絶大です。**あなたも、愛の滝行体験をしてみませんか？

PART 5

ペットは「神さまのおつかい」

ペットは役目を果たして、お空へ還っていく

２０２０年８月20日。最愛の小雪が、私の手元から旅立っていきました。15年４か月という時間、私とともにありました。比較的短命だといわれるフレンチブルドッグですから、寿命という点では十分に長生きしてくれたと思います。小雪にしてやれなかった後悔、もっと一緒にやりたいことがあったのに、という心残り。そういった悔恨の気持ちはありません。長生きしてくれて、もう十分すぎるほどなのです。その点では、やりきった感覚があります。地上での二人の関係は、「これにて完了！」です。

「こゆちゃん、マミィのところへ来てくれてありがとう。こゆちゃんと出会っていなければ、今のマミィはいないからね。感謝してもしきれないよ。マミィにたくさんのことを学ぶ機会を与えてくれて、マミィをここまで導いてくれて、ほんとに、ほんとに、感謝です。これからは、

お空から導いてね。お空からのほうが、眺めがいいんでしょう？　お空からのほうが、宇宙のしくみとか、いろんなことがよくわかるんでしょうね。マミィは、こゆちゃんと一緒に創ったものを、これからも地上の人々と分かち合っていくからね。だから、お空からのサポート、よろしくね！」

小雪は、2005年5月5日こどもの日に、私たち夫婦の「3人目の子ども」としてやってきました。家族が犬を飼いたがっていたのを契機に迎えたコです。

その頃、私は本来の自分を見失い、「他人からどう見られているか」を気にしながら生きていました。「犬でも飼えば、新しい風が吹くんじゃないか……？」。私は私で、ペットが自分の生きづらさ解消に、一役買ってくれるのでは、と考えたのでした。

小雪のコ育ては、当然のことながら、私の仕事になりました。ヤンチャなうえに病弱という、問題満載な小雪が、私のところへやってきた理由は、これまでお話ししてきたとおりです。1匹の犬に翻弄されて、私の人生は一変しました。もしかしたら、あなたにも似たような経験があるかもしれませんね。

目に見えない世界、スピリチュアルな世界をいぶかしいと思っていた私が、小雪の健康のために学んだ自然療法を皮切りに、いつの間にか精神世界へと引き込まれていったのも、天の采配だったのでしょう。

アニマルコミュニケーションを学び始めた頃から、ペットたちから聞こえてくるのは、飼い主さんが心に抑圧している想いであったり、本来のその人らしさが失われている面を指摘したりするような、メッセージ性の高いものでした。ペットからのメッセージを伝えることで飼い主さんが気づきを得、生きづらさを解消していく様子は、パート2からパート4で記しました。人の人生までも変えてしまうアニマルコミュニケーション。これは天からの授かりものだと確信しています。

人は最悪な出来事の中で、才能を育んだり、人生の転機を迎えたりするものです。幼い頃の大人の顔色をうかがう習慣は、ペットや人の気持ちを感じ取るトレーニングでした。これまでのつらかった体験が、人の痛みを理解し、寄り添う、カウンセラーとしての才能も育んでくれました。それに、リーディングやヒーリングの道具も授けられました。小雪を通じて天が、ペットと人の幸せに貢献するための準備を万端に整えてくれたのです。

小雪が来る前の私を生き続けていたなら、こんな大切なことに一つも気づくことはなかったはずです。自らと深く向き合うこともなく、なおざりに明日を迎えていたことでしょう。精神的な成長などに関心もなく、無為に日々を送っていたことでしょう。

人生は紆余曲折《うよきょくせつ》あってこそ豊かなのだということに気づかず、一生を終えることになったに違いありません。大げさに聞こえるかもしれませんが、私は、それほどに変化を感じているのです。それは単に、専業主婦がアニマルコミュニケーターに転身したという、役割のことを言っているのではありません。内面の成長、ひいては魂の成長という、見えない領域での変化をも感じているということです。

あなたも、このような視点で、おコさんを迎えた頃から今までを、振り返ってみてはいかがでしょうか？　家族が仲良くなるためにそのコが来ていたのであれば、家族が調和するような振る舞いをしていたことでしょう。そのコの存在のおかげで、家族が一つになれる体験ができたかもしれません。家族が笑顔を取り戻したのを見届けてから、今世を卒業していったかもしれません。家族の結びつきが強くなったのが、そのコの最期のときだったなんて皮肉なこともあるものです。

ママのさびしん坊を癒やすために来ていたのなら、ずっとママにくっついていてくれたことでしょう。そんなコは、お留守番がちょっと苦手だったかもしれないですね。いつまでも赤ちゃんのような仕草でママを癒やしてくれていたコも、いつか地上での期限がやってきます。そのときそのコは、一緒に暮らすコに、ママの癒やし係のバトンを渡していったり、そのお役目を継いでくれたりする交代要員の派遣依頼を、天にお願いするのです。お役目をまっとうしようとする姿には、心が打たれますね。

さて、私の人生が好転するすべてのきっかけとなった小雪が13歳のとき、再び神経症状に見舞われました。6歳のときに死の覚悟をした、あのときと同じです。前回は若さに救われたこともあったでしょう。けれど、さすがに13歳では、今回こそは難しいかもしれない……。

私は「同じ轍《てつ》は二度と踏まない」という信念を持っています。あの失敗を自分の糧にできているなら、あのときのように私の気持ちを最優先することはないはずです。小雪の体の限界を、飼い主のエゴで越えさせようとしない、決して無理強いしないことを、再度、心の中で確認しました。小雪が今、お空へ旅立とうとしているなら、それを受け入れる覚悟をしたのです。

命が終焉《しゅうえん》を迎えているのであれば、看取りの方向へと舵を切ることになります。小雪に現れている症状にとらわれることのないように、注意深く、かつ慎重に、自分の心をニュートラルなポイントに置きました。そして、体の生命エネルギーがどれほどなのかを見極めることにしました。心をニュートラルに、ニュートラルに……。仕事でよそのコをみるのと同じように、小雪の体に意識を合わせました。

体は、まだ、生きたがっていると判断しました。生命エネルギーの枯渇までは感じなかったのです。飼い主の欲で、見誤ってはいけません。念のために、3度見直しました。3度ともに「生」を選択していると判断しました。そこで、方針が決まりました。

小雪が6歳のあのときより、私の知識も格段にアップしています。知恵を貸してくださる人のご縁も広がりました。体のケアを中心に、私の内面に至るまで、思いつくこと、できること、すべてを実行しました。ご支援くださる方々のお蔭さまで、小雪の体はゆっくりと回復していきました。

回復に向かうプロセスで、生命の力強さを目の当たりにしました。症状などの見えるものに一喜一憂せず、思い込みなく**ニュートラルな立ち位置から、エネルギーをみることとの大切さ**も学ばせてもらいました。小雪は、どんなときも私に学びを与えてくれる先生でした。

そこまでして、生き延びる目的は何なのだろう……？　小雪が地上に留まる理由を知りたくなりました。私をひとり置いて旅立てないほど、心配をかけているのではないだろうかという懸念が頭をよぎったからです。

「こゆちゃんが、まだがんばろうとしてくれる理由は何⁇　こゆちゃんが、この地上を卒業するのに、何か妨げになっていることがあるなら申し訳ないなと思うから……。こゆちゃんが、もしマミィのことを心配で置いていけないと思っているなら、マミィはどうなれば、こゆちゃんが安心できるかな？」

今、思い出しても、ちょっと後ろ向きな問いかけをしたと思います。そんな私に、小雪は想定外な答えをくれました。

「ワタシと一緒に創ってきた、マミィの、このお仕事がひと段落するのを見届けるの」

「ひと段落」とは抽象的で、何を示すのか、具体的な予想はできませんでした。ただ、仕事に関することで、何かが起きることだけはわかりました。

のちに、いよいよ小雪の生命エネルギーが、どんどん薄くなるのを感じられるようになったとき、その「ひと段落」がやってきたと感じました。小雪を安心してお空へ引っ越しをさせるためにも、その「ひと段落」となる出来事を完了させる必要に迫られていると感じました。

「こゆちゃんを、楽にあっちへ行かせるためにも、ちょっとここは労力を注がなくちゃ！」

小雪の看取りのかたわら、その仕事の完遂に精力を傾けました。

小雪は、「ひと段落」を見届けてから10日後、私の元から旅立ちました。**地上でのお役目をこれ以上ない状態にまで果たして、お空へと還っていきました。**

私と一緒に癒やしを学び、その道を進むためにやってきたと教えてくれた小雪。初志貫徹した一生でした。15年の歳月をかけて一緒に創り上げてきたものは大きいです。ですから、まるで戦友を亡くしたような気分です。これからは、お空の小雪と地上の私が、「協働」することで、この世界に貢献できることが増えることでしょう。

1匹の犬が、私のところへやってきて、15年かけてお役目を果たし、そして再びお空へと還っていきました。小雪と私の物語、地上編はこれでおしまい。それは、お空編の始まりでもあります。

ペットはお空へ還ってからも、ずっとあなたの味方

犬の魂を2度だけ見たことがあります。1度目は、体から出ていく魂。2度目は、戻ってきた魂。戻ってきたといっても、生き返ったわけではありません。戻った先は、体ではなく卒塔婆《そとば》でした。

この2度の体験で、魂の存在を確信しました。**多くのスピリチュアリストが語る魂永遠不滅説、それはペットも例外ではない**ようです。こうして魂を身近に体感してしまうと、お空へお還ししたコに対する感情も変わる方が増えると思いました。

肉体のお別れが、ただ悲しいだけではなくなるでしょう。魂になってまでも、今なお愛おしい……。もっともっと深いところでのつながりを感じることができるでしょう。魂と魂のおつき合い。あなたの大切なおコさんは、あなたのソウルペットなのかもしれません。今世だけに限らず、太古の昔からずっと一緒に過ごした存在。そんな二つのソウルペットのストーリーを

紹介しましょう。

２０２０年6月1日のことでした。私が運営しているスクールでは、認定制度を設けています。認定者たちのスキルアップやクォリティを保つために開催している、月に一度のオンライン勉強会で、それは起きました。

10日前に突然体調を崩した認定者の愛犬。もう復活の余地のないところまで状態は進んでいました。そのコが、私たちの前で体を卒業していきました。パソコンの画面を通してではありますが、特別なその瞬間に同席させていただきました。衝撃的な体験でした。そして、貴重な体験でもありました。そのコとの、一生で一回きりの特別な瞬間に、他人である私がそこに存在を許可されたことは、おこがましく感じました。けれど、それは光栄なことでもありました。

奇《く》しくも、その場を録画記録していました。昏睡状態だったそのコは、ぐっと伸びをしました。そうしてお口の辺りから魂が抜けていきました。魂が体を抜けるにも、相当なエネルギーが必要だといわれる説を、まさにその瞬間に答え合わせをしたかのような体験でした。

体から魂が抜けるというのは、まるでピチピチのTシャツを脱ぐようです。脱いだら楽になりますね。女性なら誰でも体験したことがあるでしょう。締めつけの強い下着を脱いだときの解放感。ふぅぅっと力が抜けて、思わず今日一日がんばった自分に「お疲れっ！」と声をかけてあげるような、そんな気分です。きっと、そのコも、そんな感じなんだろうなぁと思いました。

認定者全員の目の前で、今世を卒業していく……。それは、そのコの目論見《もくろみ》でもあるんだろうなとも思いました。

「このメンバーで、みんなで力を合わせていってね！」

そのコは、そうメッセージを残して、「行ってくるねぇ！」と、元気に旅立っていきました。見送った全員が、しばしぼう然としていました。

画面の向こう側の世界は、リアルな世界とは理解しながらも、あまりにできすぎたタイミング。リアルとバーチャルの狭間に、すっぽりとはまってしまったような感覚でした。異次元空間にワープしたみたい……。

「アン！　アン!!　ありがとうね！！！」

そのコに覆い被さり、ありったけの感謝を伝える飼い主さんの声と姿で、リアルの世界に引き戻されました。

「アンちゃんからのメッセージを受け止めて、みんなで力を合わせて、たおやかな地球を創っ

ていこうね」

そう、オンライン上で、全員の気持ちを一つに合わせ、パソコンの画面を閉じました。アンちゃんの今世の終焉は、お空の世界での始まりでもあります。ふと思いました。

「アンちゃんの魂は、このあと、どうするんだろ?」


アンちゃんの魂にコンタクトしました。ピチピチTシャツを脱いでから1時間ほど経っていました。

いない……。もういない……。抜け殻となった体のそばにも、ママのそばにも。亡骸《なきがら》とは、まさしくこのこと。魂不在の体は、ほんとに空っぽに感じました。こんなに早くお空へ駆け上がっていくコは、初めて見ました。ママさんに確認しました。

「アンちゃん、すっかり抜け殻なんじゃない?」

「そんな感じがします。もういない気がします」

そうお返事が来ました。やはり……。

これもアンちゃん本人が決めたことだったのでしょう。魂が体から抜けて、たった3時間後には、茶毘《だび》に付されました。ご供養されたお寺では、その日は、その一枠だけ空きがあったのだそうです。アンちゃん用に準備されていたのでしょうね。天がそこまで応援するなんて驚きです。

再び、アンちゃんの魂にコンタクトを試みました。体を抜けたアンちゃんは、「行ってくるね～」とお空へと駆けていきました。それは、まるで小学生が遠足の日の朝、ルンルン気分で家を出るときのようでした。ルンルンの魂さんは、そんなに急いで、どうするつもりなのでしょう？　ついさっきの衝撃や悲しみが、ずいぶん前のことのように感じられるから不思議です。

アンちゃんの魂のあとを追いました。よほど急いだのでしょう。ペットたちの魂が暮らすひかりの国への入り口がわからずにいました。

「アンちゃん、そこは入り口じゃないよ～」

私の声は届かないようでした。

ついに、アンちゃんは、入り口ではないところから強行突破して、ひかりの国へと進入していきました。まるで学校の周囲に張り巡らされているフェンスをよじ登って校内へと入るようでした。ですから、ハラハラして見ていました。

「不法侵入にならないのかしら??」

こちらの心配をよそに、なんとかひかりの国へと到着できたアンちゃんでしたが、それでもまだ、せわしなく動き回っています。

「うちのママを手伝ってくれる神さまは、どこにいますか？」

今度は、校舎内を駆けずり回って、そして、教室を一部屋ずつのぞいては、担任の先生を探しているような、そんな様子が見て取れました。

「誰か、アンちゃんを助けてやって〜。DearMum の卒業生のコたち！　お願い!!」

私が心の中で、そう呼びかけると、ひとつの魂が現れて、アンちゃんが探していた担任の先生のところへと案内をしてくれました。

担任の先生は、大きな安定感のある神さまのように感じました。

「まぁまぁ、そんなに急がなくても、よかろうに……」

アンちゃんは、地上で果たしたお役目をねぎらわれるかのように、まるで竜宮城のような教室でおもてなしをされました。アンちゃんは落ち着きを取り戻し、神さまにお話を始めました。

「神さま、神さま、ワタシは、アンジェラといいます。ワタシは、ママが地上でお役目を果たすために、お空へと引っ越してきました。これからワタシは、こちらからママを助けなければなりません。そのために、どうか、お力を貸してください」

アンちゃんの申し出に、神さまがどのようにお答えになったのか、私にはわかりませんでした。けれど、その翌日、私が目にしたのは、太い太いロープを地上に降ろそうとしているアンちゃんの姿でした。

「アンちゃん、何やってるの⁉ そんな太いロープ、アンちゃんひとりで持てるの？ 大丈夫⁇」

「これをね、ママのところに降ろしてね、ママを引っ張り上げるの」

どこからどう降ろそうか、思案しているようでした。

アンちゃんは、これをやるために、あんなにお空へ急いだのでした。お空からママを引っ張り上げるために……。アンちゃんの本名はアンジェラ。イタリア語で天使を意味する女の子の名前です。2020年6月1日、本当にママの天使になりました。さぁ、天使になったアンちゃんは、ママをどこへ連れて行こうとしているのでしょうか……。

ペットからあなたへの最期のギフト

私が2度目に見た、卒塔婆に戻ってきた魂。それは、小雪の魂でした。海外へ赴任をしていた夫の帰国を待ち、小雪の納骨をしたときのことです。16回目の誕生日に当たる2021年3月26日、手元に置いていた小雪のお骨を、お寺へ納めるために供養をしていただきました。

僧侶さまが、卒塔婆に向かって読経を始められたときのことです。卒塔婆のてっぺんに、ピカッと閃光《せんこう》が走ったかと思うと同時に、空気がキリッと凍りました。たぶん、時間にすれば1秒にも満たない、ほんの一瞬の出来事でした。

「あっ、こゆちゃん、帰ってきた」

そう感じました。精入れは、ただの形式的な儀式ではないと知りました。小雪は、またしても、こうして私に知らないことを教えてくれたのでしょうね。

小雪を看取る数日間、そして、お別れのときにも、私が初めて知ること、体験することがありました。愛するものとのお別れは、悲しくさびしいものではありますが、それさえも、私の

人生を豊かにしてくれました。小雪がお空へのお引っ越しを完了するまでに体験したお話をしましょう。
もし、あなたがこの一節を読むことで、おコさんとのお別れのときがフラッシュバックしてつらいようでしたら、どうぞ、無理をしないでくださいね。時薬《ときぐすり》が効いてきた頃に、お読みいただけるでしょう。そのときには、あなたも、そのコからのギフトボックスを開けてください。それまではあなたの胸の中で大切にしていてください。

小雪を安心してお空へお還しするために、仕事の「ひと段落」を急ぎ、小雪との時間を持てるようにしました。今回がいよいよ本番。小雪を看取らなくてはならない、いよいよそのときがきたと判断したからです。
小雪の最期を自然な形で看取りたいと思ったのは、その2年ほど前だったでしょうか。小雪にシニアを感じるようになったのは、12歳半を過ぎた頃です。すると、頭をよぎるのは、お別れのとき。どうやって見送るのか、方針を真剣に考え始めたのは、本番を迎える1年ほど前でした。

知識は身を救ってくれます。不安を安心に変えることもできます。いざというとき

に慌てずに済みます。そのときになって、学ぶ余裕はありません。そこで、人間の自然死に関する本を読み、動画を視聴し、終末期に携わる看護師さんにもお話を聞きました。

「最期は何もしない。これが一番美しいのですよね。実はね」

現場の声には、説得力がありました。

それを聞いて浮かんだのが、ずいぶんと前に知った、この言葉です。

「植物は、本来枯れるもの。だから体も、本来は自然に枯れるはず。昔のお年寄りは、骨と皮になって、最期を迎えたものです」

冷蔵庫で腐って溶ける野菜に対して、本来の自然の姿とは何なのか、問題を投げかける言葉だったように記憶しています。これらの言葉をヒントに、小雪の体も、最期は枯れるようにしようと方針を定めました。だんだん食が細くなり、最期は水も飲まなくなり、体から水分が自然に切れて枯れて逝く。これを小雪で実現させたいと思いました。そうすれば、最期まで安らかに過ごせるのではないかと考えたのです。

8月も中旬に入ると、体の衰えが露呈し始めました。食欲旺盛だったコでしたが、食べやすく工夫を凝らしても、食欲は落ちていきました。枯れる準備をし始めたと感じました。それなら、そのようにこちらも小雪のペースに合わせる必要があります。だからといって、何もせずに放置するわけにはいきません。この段階で、私ができることはなんだろう……？

ヒーリングでのエネルギーの調整は続けました。機器を使った波動調整も、継続しています。あらゆる手段を講じました。それでも枯れ逝く道程にストップをかけることはできません。流動食も喉を通らなくなり、水分のみに切り替えて数日。私の目の前で大量の水を嘔吐《おうと》しました。まるで摂取した数日分の量を、一度に吐いたかのような量に感じました。

その後始末をしながら、もう水分さえも受けつけられないところまできているのだなと思いました。お口が乾かないように、拭いてやるようにして、シリンジでお水を送ってやることもやめました。そうしたら、呼吸が楽そうでした。それを見て、お水を切るタイミングを見誤ったのだと感じました。

「こゆちゃん、ごめんね……。もうお水も苦しかったのかもしれないね。マミィを安心させるために、がんばって口にしてくれてたんだね。もう無理だよって言ってくれてもよかったのに……。ありがとう」

小雪は無言でした。

小雪の看取りには、これまで先にお空へ還ったコから教えられた叡智《えいち》が結集しました。お水も、もう無理だよと教えられた嘔吐の際にも、そういった状況で誤嚥《ごえん》する可能性が非常に高いことも知っていました。ですから、そうならないようにとっさにケアができたのも、先人からのギフトです。

最期まで穏やかであってほしいがために、何かもっとできることはないだろうか……。そればかりを考えていましたが、だからこそ、手を加えない大切さにも気づきました。それも小雪が病弱だったからこそ、学んだ自然療法の知恵からの導きでした。**「足すのではなく、引く」**。引き算健康法の考え方です。今は、引き時だと判断し、二人で一緒に最期の静かなときを堪能しようと決めました。

私が目指したのは延命ではなく、穏やかな最期。それと引き換えに背負うのは、小雪の命への決断。機器を使っての波動調整をやめました。エネルギーを供給するのも、延命措置のための装置につないでいるように思えてしまったからです。自宅で看取ろうが、医療機関に委ねようが、いつかどこかで我がコの命に判断を下すことを迫られる、それが今なのだと思いました。我がコの命に、自ら手を下すような気持ちにもなりました。それでも、決めたことをまっとうする、同じ轍は踏まない、その信念に従いました。

きれい好きな小雪を、きれいに見送ってやるために、爪を一本一本丁寧に切ってやりました。

「小さい頃は、20本の爪が全部白かったのに、大人になるにつれ、黒爪になっていったんだったね」

「爪切りは、宇宙一、嫌いだったね」

1日4回の口内ケアは、最期の日も、いつもどおりに行いました。

「こゆちゃん、結局、歯は1本もグラグラにならずに、お空へ持っていけるね。歯磨きハミハミがんばってよかったね。あっ、だけど、小さな前歯は、ガラスの瓶をかじって遊んでたときに抜けちゃったんだっけ。もったいなかったな～。でも、今でも、こゆちゃんのお口、まったく臭わないもんね。不思議だね～。マミィが毎日、こゆちゃんのお口を気にしてチェックしたたから、こゆちゃんもがんばってお口をきれいにしようとしてくれてたのかな……。お口臭くないといえば、こゆちゃん、この2年、お風呂に一度も入らなかったけど、体もまったく臭わないもんね。毛もピカピカに光ってる。アザラシの赤ちゃんみたい。すごいな～」

小雪の一本の爪、一本の歯まで愛おしく感じました。小雪の体に、顔を埋めて、ありったけの愛と感謝を伝えました。

その翌日、小雪は旅立っていきました。火葬された小雪のお骨と対面したとき、思わず口に出した言葉があります。

「うわ〜、真っ白。きれい……」

きれい好きの小雪のお骨は、骨格標本のようにしっかりと残っていました。骨壺に納めるために、頭蓋骨を小さく割ろうとしても、ちっとも割れません。本当に15歳すぎの老犬の骨なのだろうかと思うほどでした。それは、２歳からずっと手作り食をしてきたおかげなのかもしれません。小雪は最後の最期、お骨になってまで、こうして、私に教えてくれたのだと思います。そしてそれが、小雪が私に示した、ねぎらいの気持ちだったようにも思います。

さすが、私のバディ！　私と一緒に癒やしの道を行くと言った小雪は、地上でのお役目を初志貫徹したのだと感じました。

自然とは何なのか、生きるとは、死とは……。生後40日目から最期まで小雪の一生を通して知り得たことは、あまりにも多く、あふれる涙は、感謝の涙。きっと、この涙は、多くの飼い主さんと分かち合えるのでは、ないでしょうか……。

いのちって、素晴らしい。

最期まであなたに尽くすペットたち

これまで10年間、アニマルコミュニケーションをやってきましたが、ことごとく前例にはあてはまらない様子を、小雪は見せてくれました。飼い主の欲目かしらとも思い、何度も確認しますが、やっぱりまったく違うのです。

小雪が、息を引き取る2日前、牛車が用意されているのを感じました。これまで、小雪のことを「女王サマ」と呼んでいたので、ふさわしいのは馬車ではないの?と思いましたが、牛車でした。小雪と暮らした部屋の上方、といっても、物理空間に制限は受けないので、なんともピッタリな表現が思い浮かびません。あえてたとえるなら、空に浮かぶUFOでしょうか……。

こんな乗り物に乗って逝くコは、私はほかには見たことがありません。光のトンネルができたり、お友だちが迎えにきたり、エンジェルが舞っていたり、そんな様子しか目にしたことがないのです。牛車をお迎えに使うなんてね。しかも、2日も待たせるなんて……。小雪らしいとも思いました。アンちゃんの事例がありますから、もしかしたら、毛皮を脱いだら、すぐに

天に召されるのかとも思いましたが、そうではありませんでした。

実は、仕事で小雪の死に目には会えませんでした。がっかりした私を不憫《ふびん》に思ったのか、翌朝まで動くはずのない体の一部が動くように見せるのでした。不思議でした。よ～く目を凝らして観察をしても、まるで息をしているかのように、胸が動くのです。

「看病疲れで、とうとう頭がイカレちゃった？　いやいや、もともとイカレてるしねェ……」

ひとり漫才をする飼い主の姿を見たかった小雪の、いたずらだったのでしょうか……。この直後、お父様が他界された折に、同じ現象を目撃した方に出会ったので、妄想でもなさそうです。

小雪のいる部屋と仕事場は、マンションの隣室同士です。あの日は、休憩時間ごとに、小まめに様子をうかがいに戻っていました。夕方、のぞいたときにはまだ息はあったのに、仕事から上がったら、すでに冷たくなっていました。冷えきった細い前脚を握り、「あぁ、こういう結末か……」と口にしました。がっかりしたというか、裏切られたような気持ちにもなりました。最後に目が合いましたしね。

「こゆちゃんのタイミングでいいよ」

そう心の中で会話したので、小雪はそのように旅立っただけです。それなのに、やっぱり残念に思いました。

「ひとりでさびしく逝っちゃったのか……。やっぱり、待っててね！って言えばよかったかな……」

ひとりよがりな思いにしばらく浸っていました。気を取り直して、家族に連絡しました。そうしたら、全員が、「小雪らしい」と言いました。

「プライド高いから、絶対に見せないと思ってた」

そういうことなのでしょうね。毛皮を脱ぐ瞬間には立ち会えませんでしたが、時間を巻き戻せば、どんな様子だったかは、ほぼほぼわかります。最後にのぞきにいった直後くらいに、魂は脱皮したと思われます。

小雪から声が聞こえました。

「ご不浄は、人には見せないものよ」って。「えっ⁉ 毛皮を脱ぐのが不浄なの？」と言ったら、

「着替え、お化粧、排泄、どれも人前でするものではない」と。

それが、小雪のポリシーか！ なるほど！ いたく納得しながらも、小雪から「不浄」という言葉が聞こえてきたのには驚きました。「不浄」なんて言葉は、私にとっては、普段使いの言葉ではありませんから。

そういえば小雪サマ、汚いのは大嫌いでしたからね。トイレシートも一度で使い捨てでした。不思議なことに、被毛も最期まで艶ピカでした。15歳4か月。最期まで年齢を感じさせませんでした。いわれてみれば、美しくあることに価値があるコでした。

あなたも、おコさんの旅立ち方にそのコらしさを感じていらっしゃるかもしれませんね。あるいは逆に、今でもまだ悔やむ気持ちがあるかもしれません。

「どうしてひとりで逝っちゃったの？　最期は、私の腕の中でって、約束してたじゃない？」

こんな想いを何年も抱き続けている飼い主さんにも、よくお目にかかります。それでも一様に、その立ち去り方が最善だったと納得されるときが来ます。

もし、あなたがそのような想いをお持ちならば、あなた自身で直接、我がコの魂と対話してみることをおすすめします。自分の中の未完了の想いが解放されていきます。いよいよギフトボックスが開くときです。

そのコがそのような形であなたの元を旅立つことで、あなたにどんな宝物を授けていったのか、宝物の正体を知るでしょう。そのコも、あなたにとことん尽くしてくれていたのだということが理解できるでしょう。

私も、開催しているペットロスサポートセミナーや個人セッションで、これまで幾度となく、魂との再会の場面にご一緒させていただいています。ギフトボックスを開けるシーンは、毎度、感動的です。そのときは私も、愛のおすそ分けをいただきます。

さて、きれい好きだった小雪ですから、抜け殻も、なるべく早くにお骨にしてあげたいと思いました。それで翌日の午前中に葬儀を予約しました。

そろそろ出かける支度をしなくちゃな〜と、思っていたときのことです。どうせ目は泣き腫らしているし、コロナ禍でマスク着用だし、とりあえず、外に出かけられる最低限の格好でいいやと思って支度をしていたところ、

「ちゃんとキレイにして！　ちゃんとシャワーして、ちゃんとお化粧もして！　ちゃんとした服に着替えて！」

またまた小雪の声が聞こえるではありませんか！

「あぁ……だったら、もっと早く言ってよ〜〜」

私は、支度を焦りました。

お寺へ到着して、受付でお棺を選ぶ説明を受けているときのことです。どうせ焼いちゃうのだし、紙箱で十分だと思っていたら、また指示が来るのです。

「一番下、一番下」と。

お棺の写真が印刷されたリーフレットの「一番下」を指定しているのだと感じました。私には圏外だった桐《きり》のお棺にしなさいと指示がきたのです。

「えぇ‼　めっちゃ高いやん！　どうせ焼いちゃうんだよ！」

こんな心の声をかき消すかのように、「神さまの元へお返しするんだよ」と。

「あぁ、そうか……。神さまが桐の棺をご指定しているとは思えないけれど、御礼の気持ちだよね。神さまを尊ぶ気持ちと、感謝の気持ちと……」

昨日も、棺に入れてやるものを考えていました。前々から、大好きだったヌイグルミを持たせてやろうと、ボロボロにはなっていましたが、捨てずに取ってありました。

「こゆちゃん、これ持っていく？」と尋ねたら、「いらない！」と一蹴されました。どうやら、もうそんな幼稚なものは、必要がないようでした。

「だったら、何か持っていくものは？」と尋ねたら、「マミィとつながるものがいい」と。

私とつながりを感じるためのもの？？　部屋の中をぐるりと見回すと、目に飛び込んできたのが、羽根でした。私が、浄化のときに使う羽根2枚のうちの片割れです。

「そうね、これがいいかもね」

小雪の棺には、いっぱいの白いお花と白い羽根1本。小雪の「雪」には、「穢《けが》れを祓《はら》って、きれいに清める」という意味があります。白い羽根は、小雪にはピッタリな持ち物だったのかもしれません。

牛車に乗って還っていった先の世界で、小雪は、神さまに報告をしていました。

「任務完了して戻りました」

そして、神さまに光の筋を手渡しました。まるでスマホの充電器のコンセント側を神さまに渡しているようでした。その充電器のスマホ側は、私の頭のてっぺん。私の頭から光の筋が出ているのでしょうか……？　自覚はありません。そうして、神さまの前にいる小雪は、袴姿《はかますがた》でした。神さまの脇に移り、座ろうとしたとき、袴の衣擦《きぬず》れの音がしました。

なんとも不思議な光景でした。これは、私の妄想かと吟味しましたが、はっきりと見せられた感覚があります。もしかしたら、仮病まで使えた小雪が、私が喜ぶような光景を見せてくれたのかもしれませんね。

小雪サマは、ペット専用の「ひかりの国」にいるようにも感じますし、本当に、神界のようなところで鎮座しているようにも感じます。

「小雪ちゃんは、お空にいるほかのコたちのようには話せません。とっても遠くに感じます。神さまのところに行っちゃったからかな～　もう地上には降りてこないのかな……」

小雪とアニマルコミュニケーションを試みたスクールの生徒さんたちは、そのように言いました。彼女たちの言うように、もう転生してこないかもしれませんね。地上で小雪の任務が完了できたなら、飼い主としてこんなにうれしいことはありません。

私は小雪を亡くし、こんなに悲しいことがあるものかと大泣きしながらも、それでもこんなに心が大きく動く体験をさせてもらえるなんて、ありがたいことだとも思いました。**小雪の死に直面し、生きる喜びを体感しました。たくさんの学びの機会を与えられました。なんて豊かな人生なのでしょう。**神さま、素晴らしいコを、私のところへ遣わしてくださり、ありがとうございました。

進化しているペットの魂、霊性高いペットたち

時代は、「土」から「風」へと変化し、今はその大変革期。それとともに、飼い主の人生の導き役としてのお役目を果たしにやってきているケースは、決して珍しいものではなくなってきているように感じます。

こういう事例の場合、コミュニケーションをとるために、そのコに意識を向けると、とても霊性が高い魂を感じるのです。物事をすべて理解しているような、人間を見透かしているような、悟っているとでもいうのでしょうか……。

そんなとき私は、そのコとの対話で、いつの間にか丁寧にお話をしていたり、敬語で話しているのです。その「コ」という呼び方もおこがましく、その「方」とお呼びするほうがしっくりきます。お名前も「チャン」ではなく、「さん」とお呼びするのがピッタリなほどの威厳を感じます。メールに添付されてくるペットの写真を拝見して、感じることがあるのです。

「あぁ、人間っぽいな」と。

少し前までは、犬と言えば庭先に犬小屋が置かれ、鎖でつながれているのが一般的でした。ゴハンは、ボコボコにへこんだアルミ鍋に入った味噌汁ぶっかけゴハン。いわゆる猫まんまというやつです。そうして、家を守るための番犬としてのお役目を果たしてくれていました。

「誰か来たら、外の犬が鳴くからわかる」

これが日常会話だったのが、30年前の記憶にあります。

その頃のワンちゃんは、ペットというより使役犬に近い存在だったのかもしれませんね。当時は鳴いて知らせることがお仕事、今では、鳴けば問題行動です。時代の移り変わり、人のペットに対するニーズの変化を感じます。

明らかに「ペット」と呼ぶにふさわしい存在になったのは、家の中で飼われるのが一般化してからでしょう。家の中で一緒の時間と空間を過ごすのですから、家族の一員に違いありません。すると、人間との距離も近くなりますから、心の距離も近くなって当然ですね。それまでは、**人間家族の間でのみ見られた心の力学が、ペットとの間にも見られるようになりました。ペットに課せられる役割が、使役から人の先導者へと変化したのです。**

そこで現れたのが、ママの天使になったアンちゃんや、私の愛犬、小雪のようなソウルペットたちです。小雪の地上でのミッションについては、すでにお話をしたとおりです。そして、アンちゃんは、お空へ還ったあとも、しばらく忙しそうにしていました。あのロープで引き揚げようとしていたものは、何だったのでしょうか？

それはママのお仕事に関することでした。ママを一段上に引き上げたかったのです。お空へ、あんなに急いでいってまで果たしたかったことです。叶えてあげねばならないと思いました。

こんな壮大な事情があって生まれたのが、「たましいの星詠み」という西洋占星術のセッションです。そのコが、その日にお空へ還っていく必要があったことが、よくわかります。その日でなければならなかった理由です。

そのコの一生に、一度きりのセッションです。私も鑑定してもらいました。小雪の命日はもちろんのこと、小雪の誕生日、我が家へ迎えた日、私の誕生日まで、占星術のチャートを何枚も重ね合わせて浮かび上がるのは、もはや曼荼羅《まんだら》のようなアート。小雪は、私の癒やしの道へのサポート役としてやってきたこと、さらに、それはお空へ還ってからも続くことが、くっきりと浮かび上がりました。そして、小雪がお空の住人となることで、私と一緒にさらに遂げられることがあることもわかりました。小雪の魂と一緒になって果たす目的があるなんて……。

旅立った日に込められたメッセージは遺言でした。

お空へ旅立つ日時にまでメッセージを遺す……。

その飼い主への一途《いちず》な想いに感動し、知らされた新たなるミッション遂行への、ほどよいプレッシャーとトキメキをもらいました。

このように、そのコそのコで、あなたのところへやって来た理由はさまざまです。けれど総じていえば、ペットたちは、神さまに遣わされて、あなたのところへとやって来ているのだと感じます。そのコの喜びは、神さまがお喜びになられることです。

「ママのところへ来てよかった！」

そのコから、こんな言葉が聞こえたら、飼い主としては本望ですよね。そのコの魂までもが喜び、ますます輝くよう、私たち飼い主が自分の人生を真剣に生きるようにしたいものです。

そのコが命をもって教えてくれたことを糧に変えていけたなら、そのコへの恩返しになるとも思っています。

ペットとの暮らしを通じて、飼い主さんの人生が、そして、魂が、さらに輝いていくことを願っています。

おわりに
ペットが届ける「幸せ宅配便」

小雪が旅立ってから10日も経たずして、本書出版への道筋ができました。さっそく、小雪がお空での活動を始めたんだなぁと思った出来事でした。小雪からのギフトに喜んだのもつかの間、章立てがしっくりこずに執筆前に早くも頓挫しました。

なんとか原稿に向かえるようになり、8月20日の小雪の一周忌に、2冊目出版の報告ができればと思っていた矢先、母が急逝しました。5月20日。奇しくも、小雪の月命日です。

またもや、心が原稿に向かえなくなりました。

母は、私にたくさんの試練と学びを与えてくれた存在です。あの母でなくては、アニマルコミュニケーターの私は存在し得ません。小雪が私を選んでやってきたように、私が母を選んでこの地上にやってきたのも、そして、過酷な幼少期を体験したことも、すべては必要なことでした。生きづらさを解消し、このように自分の人生を丸ごと受け入れることができたのも、スピリチュアルや心理学の世界を知ったからです。母との関係が、私をこの道へ導いたのです。

私が発信し続けるのには、理由があります。それは、みんなに自分の人生をあきらめてほしくないから。自分らしさを取り戻してほしいから。自分の可能性にチャレンジしてほしいから。

これらは、ペットたちの望みでもあります。本当は豊かな才能があるのに、気づいていなかったり、もっと楽に生きられるのに、こじらせてしまったり……。そんな姿を見て、歯がゆく感じるのは誰よりもペットたちです。こんな飼い主さんを、自分の命を投げうってでも、救い、守り、後押しをしようとする姿に心が打たれます。大好きな飼い主さんに全身全霊で尽くそうとするコたちの、応援をしたいのです。

私も人生の迷路で立ちすくんでいたときに、我がコに救われました。今度は、私と同じような状況にいる方に手を差し伸べる番です。こうして才能を分かち合いながら支え合う社会ができたなら、世界は、どんなにたくさんの優しさであふれるでしょう。

もし、お読みいただいて、あなたの心に一つでも響くものがあったなら、その想いや気づきを大切になさってください。あなたとペットの絆が、さらに深まるきっかけとなるでしょう。気づくだけでも、ペットの振る舞いが変わります。さらに、思考の習慣を変えれば、ペットの変化は、もっと顕著に現れるでしょう。ペットが、いつもと違う仕草や表情でその違いをみせてくれるのは、とってもうれしいですね。これも、おつかい役のペットを通していただく、神さまからのプレゼントです。幸せ宅配便を、どうぞ受け取ってください。

高い視座から世界をみると、未知の世界が広がります。「見方が変わると、世界が変わる！」。この理念が、発信の軸です。これを私の内側から掘り出してくださった芝蘭友先生が、前作に続き、本書出版へのチャンスをくださいました。いつもありがとうございます。企画してくださった遠藤励起先生、ご縁をつないでくださった岩谷洋昌様にも感謝いたします。いつも首を長くして、私の原稿をお待ちくださった福元美月さん、次にお目にかかったときには、キリンさんに変身してやいないかとヒヤヒヤです。こうして形にしてくださり、心より御礼を申し上げます。

人生というのは、よくみると面白くうまくできています。困ったときには、必ず救世主は現れるものです。今回も、一緒に難局を越えてくださる伴走者が、ベストなタイミングで現れました。足踏みしているときは、一緒に次の一歩の出し方を考えてくれました。コケたら起き上がる勇気をくれました。ハイジャンプできたときは、一緒にハイタッチして喜んでくれました。

私も飼い主さんに、そのようにあろうと心しました。

事例を快く提供くださったペットさんと飼い主さま方、貢献に感謝いたします。一緒にこの世を楽しんでくださるDearMumの仲間たち、私の思いつきを形にするために一緒にワクワクしながら動いてくれるDearMum事務局のメンバーたち、いつも心の支えになってくださってありがとう！　これからも才能を分かち合いながら、３００年後のたおやかな地球創造に向けて、一歩を積み重ねていきましょう。

そして私の原稿の最初の読者であり、赤入れをしてくれた作文教室に通う夫に、大きな愛と感謝を贈ります。私たちの3番目の子どもがいなくなり、4番目の子どもが誕生したのかもね！

そして最後に、本書を手に取ってくださったあなたへ。

神さまに遣わされて、あなたのところへ幸せを届けにやってきたペットと、あなたの魂が、さらに光り輝きますよう心からお祈りしております。

２０２１年10月

大河内りこ

大河内りこ（おおこうちりこ）

アニマルコミュニケーター。DearMum 主宰。初めて飼ったペット、フレンチブルドッグの小雪と出会い、病気がちな小雪の健康管理、しつけに一生懸命になる自分を冷静に見つめる機会を得、自分自身の内面に大きな気づきを得る。これをきっかけにアニマルコミュニケーションを学び、健康を取り戻した小雪とともに、多くの人のために「癒やしの道」を歩むことを決心、DearMum を立ち上げる。DearMum では、ペットの生死に関わらず、飼い主との良好な関係を築くことを目的とし、アニマルコミュニケーションのセッションや指導、飼い主のヒーリングセッションを行う。また、ペットロスに悩む人々にも、その心を癒やすセッションを行っている。著書に『その子《ペット》はあなたに出逢うためにやってきた。』（青春出版社）

DearMum　http://dear-mum.com/

本書をご購入くださった方への特典

　本書をご購読くださった方に、飼い主さんとペットとの絆を強く感じる感動エピソードを、もう１話ご紹介します。

　東日本大震災でおうちを失い、京都のご夫婦に引き取られたビーグルのベルちゃん。大事にされている新しい環境で想っていたこととは……。

[我が家のペットをますます愛おしく感じる特典ページはこちら]

https://dear-mum.com/bookuchinoko/

「うちのコ」を幸せにするたった一つの約束
ペットはあなたを選んでやってくる

2021年11月30日　初版第1刷発行

著　者　大河内りこ
発行者　東口 敏郎
発行所　株式会社BABジャパン
〒151-0073 東京都渋谷区笹塚1-30-11 4F・5F
TEL: 03-3469-0135　FAX: 03-3469-0162
URL: http://www.bab.co.jp/　E-mail: shop@bab.co.jp
郵便振替00140-7-116767
印刷・製本　中央精版印刷株式会社

ISBN978-4-8142-0431-1 C2077

イラスト　佐藤末摘
デザイン　大口裕子